普通高等职业教育计算机系列教材

Java EE Spring MVC 与 MyBatis 企业开发实战

彭之军　刘　波　主　编

陈志凌　副主编

电子工业出版社

Publishing House of Electronics Industry

北京·BEIJING

内 容 简 介

本书以 Java EE Web 开发中的 Spring 框架为核心，详细介绍了 Spring MVC 和 MyBatis 框架，并以 Spring MVC+Spring+MyBatis 整合的案例——电子拍卖系统为例，完整地介绍了使用 SSM 框架开发的全过程，使读者能快速进入到 Java EE 的开发领域。

本书可作为高等学校应用型本科 Java EE 企业级开发课程、高职高专相关专业课程的教材和教学参考书，也可作为培训机构的教材，以及供从事 Java EE 应用系统开发的用户学习和参考。

未经许可，不得以任何方式复制或抄袭本书之部分或全部内容。
版权所有，侵权必究。

图书在版编目（CIP）数据

Java EE Spring MVC 与 MyBatis 企业开发实战 / 彭之军，刘波主编. —北京：电子工业出版社，2019.1
普通高等职业教育计算机系列规划教材
ISBN 978-7-121-34466-4

Ⅰ．①J… Ⅱ．①彭… ②刘… Ⅲ．①JAVA 语言－程序设计－高等职业教育－教材 Ⅳ．①TP312.8

中国版本图书馆 CIP 数据核字（2018）第 125598 号

策划编辑：徐建军（xujj@phei.com.cn）
责任编辑：裴　杰
印　　刷：北京捷迅佳彩印刷有限公司
装　　订：北京捷迅佳彩印刷有限公司
出版发行：电子工业出版社
　　　　　北京市海淀区万寿路 173 信箱　邮编 100036
开　　本：787×1 092　1/16　印张：17.25　字数：441.6 千字
版　　次：2019 年 1 月第 1 版
印　　次：2025 年 1 月第 6 次印刷
定　　价：45.00 元

凡所购买电子工业出版社图书有缺损问题，请向购买书店调换。若书店售缺，请与本社发行部联系，联系及邮购电话：（010）88254888，88258888。
质量投诉请发邮件至 zlts@phei.com.cn，盗版侵权举报请发邮件至 dbqq@phei.com.cn。
本书咨询联系方式：（010）88254570。

前言 Preface

Java 语言已经是企业开发的"常青树"了,从前些年的 Struts2、Hibernate 和 Spring 的 SSH 组合,再到新的组合 Spring、Spring MVC、MyBatis(即 SSM 组合),Java 被广泛应用。对于企业级 Java 开发而言,Spring MVC 是后起之秀,从应用上来说要复杂一些,但是它基于 Spring 进行开发的,继承了 Spring 的优点,所以一跃成为采用率最高的 Java EE Web MVC 框架。而 MyBatis 无论是学习难度还是使用轻便性都要好于 Hibernate,当然,Hibernate 功能更为强大。程序员们要在功能和方便上做一个权衡,大部分人选择了 SSM 组合,这也是本书出版的背景。

本书的几位编者是第二次合作了。三位编者都是在 IT 职业教育和软件开发领域具有十年以上经验的讲师和开发者。其他编者也是经验丰富的教育界或企业界的专业人士。

当前技术日新月异,软件开发技术也飞速发展,随着大数据时代的到来,在企业开发中稍大型的项目已经不仅仅局限于 SSM 了,大部分开始采用分布式技术、微服务技术等,所以对开发者的要求更高了。然而,越是如此,就越要学习底层的基本原理,才不会在如雨后春笋般的新技术中迷失自己,因为万变不离其宗。这也是编者坚持在框架中先补充 JSP 和 Servlet 技术的原因。

彭之军:"如果把读一本书当做一次探险,希望读者不虚此行。感谢父母和家庭的支持,感谢编辑的耐心等待。"

刘波:1995 年开始从事软件开发与教学工作,2000 年开始从事 Java 的开发与教学工作。其之前在国内知名的 IT 培训企业——北大青鸟从事教学和管理工作达 10 年之久,目前在国内知名培训企业传智播客、黑马程序员从事 Java EE 教学工作。"这一年以来我牺牲了不少与家人团聚的时间完成了本书,感谢父母、妻子和儿子对我工作和学习上的支持,也祝家庭中即将到来的一名新的成员健康茁壮地成长。"

陈志凌:"2015 年编写完第一本书之后,Java EE 技术也发生了很大的变化,Spring 的技术生态越来越强大。希望读者能有所收获。"

本书由彭之军、刘波担任主编,由陈志凌担任副主编,其中彭之军编写了第 1~4 章和第 6~8 章,刘波编写了第 5 章和第 9~11 章,陈志凌编写了第 12 章,全书由彭之军统稿。广东岭南职业技术学院的沈阳博士、陈辉老师参与了案例的代码编写工作。

为了方便教师教学,本书配有电子教学课件及相关资源,请有此需要的老师登录华信教育资源网(www.hxedu.com.cn)注册后进行免费下载,本书的案例和教学课件也可以在 51cto 博客(cnjava.blog.51cto.com)上获取。如有问题,可在网站留言板留言或与电子工业出版社联系

（E-mail：hxedu@phei.com.cn）。

教材建设是一项系统工程，需要在实践中不断加以完善及改进，本书中难免存在疏漏和不足，恳请同行专家和读者给予批评和指正。

编 者

目 录
Contents

第 1 章 Java 应用开发综述 ·· (1)
  1.1　Java EE 技术和相关框架 ··· (2)
      1.1.1　Java EE 应用程序架构 ··· (2)
      1.1.2　对象关系映射框架 ·· (3)
      1.1.3　Spring 框架 ··· (4)
  1.2　数据库准备 ·· (4)
      1.2.1　MySQL 数据库安装 ·· (4)
      1.2.2　案例数据库准备 ··· (5)
  1.3　安装 JDK 和 Tomcat ··· (6)
      1.3.1　JDK 配置 ··· (6)
      1.3.2　Tomcat 配置 ·· (8)
  本章总结 ·· (9)
  练习题 ··· (9)

第 2 章 JSP 与 Servlet ·· (10)
  2.1　JSP 入门 ·· (10)
      2.1.1　第一个 JSP 程序的运行 ··· (11)
      2.1.2　JSP 中的小脚本 ·· (12)
      2.1.3　JSP 表达式输出结果 ·· (13)
      2.1.4　JSP 中的注释 ··· (14)
  2.2　JSP 的内置对象 ··· (15)
  2.3　Servlet ·· (18)
      2.3.1　Servlet 概念 ·· (18)
      2.3.2　Servlet 作用 ·· (18)
      2.3.3　Servlet 使用 ·· (19)
  2.4　Servlet 生命周期 ··· (20)
      2.4.1　init()方法 ·· (20)
      2.4.2　service()方法 ·· (20)

2.4.3　destroy()方法 …………………………………………………………… (21)
　2.5　JSP 和 Servlet 的关系 ……………………………………………………………… (22)
　2.6　Servlet 3.0 技术 ……………………………………………………………………… (24)
　本章总结 ………………………………………………………………………………… (26)
　练习题 …………………………………………………………………………………… (26)
第 3 章　JSP 标准标签库（EL 和 JSTL）……………………………………………… (27)
　3.1　EL 内置对象 ………………………………………………………………………… (28)
　3.2　JSP 标准标签库 ……………………………………………………………………… (31)
　　3.2.1　核心标签库 ……………………………………………………………………… (31)
　　3.2.2　函数标签 ………………………………………………………………………… (37)
　3.3　MVC 架构模式 ……………………………………………………………………… (40)
　本章总结 ………………………………………………………………………………… (40)
　练习题 …………………………………………………………………………………… (40)
第 4 章　JDBC 与过滤器 ………………………………………………………………… (41)
　4.1　JDBC 快速上手 ……………………………………………………………………… (41)
　4.2　JDBC 进阶 …………………………………………………………………………… (46)
　4.3　过滤器 ………………………………………………………………………………… (51)
　　4.3.1　过滤器方法 ……………………………………………………………………… (52)
　　4.3.2　FilterConfig 对象的使用 ……………………………………………………… (52)
　　4.3.3　过滤器实例 ……………………………………………………………………… (53)
　　4.3.4　使用多个过滤器 ………………………………………………………………… (54)
　本章总结 ………………………………………………………………………………… (55)
　练习题 …………………………………………………………………………………… (55)
第 5 章　Spring 框架（IoC 和 AOP）…………………………………………………… (56)
　5.1　Spring 概述 …………………………………………………………………………… (56)
　　5.1.1　Spring 的特征 …………………………………………………………………… (57)
　　5.1.2　Spring 七大模块的作用 ………………………………………………………… (57)
　5.2　控制反转 ……………………………………………………………………………… (58)
　　5.2.1　IoC 容器中装配 Bean …………………………………………………………… (61)
　　5.2.2　组件的定义与实现分离 ………………………………………………………… (63)
　　5.2.3　注入传值的参数值 ……………………………………………………………… (67)
　　5.2.4　使用 p 命名空间注入属性 ……………………………………………………… (69)
　　5.2.5　自动注入 ………………………………………………………………………… (70)
　　5.2.6　构造器注入 ……………………………………………………………………… (72)
　　5.2.7　Bean 的作用域 …………………………………………………………………… (74)
　5.3　AOP …………………………………………………………………………………… (77)
　　5.3.1　AOP 概述 ………………………………………………………………………… (77)
　　5.3.2　代理模式 ………………………………………………………………………… (78)
　　5.3.3　AOP 的实现 ……………………………………………………………………… (82)
　　5.3.4　使用注解实现 AOP ……………………………………………………………… (83)

5.4 Spring 注解管理 IoC ·· (89)
  5.4.1 使用注解的方式管理 JavaBean ··· (89)
  5.4.2 案例：使用注解的 IoC ·· (89)
本章总结 ·· (93)
练习题 ··· (93)

第 6 章 Spring MVC 入门 ·· (94)
6.1 第 1 个 Spring MVC 程序 ·· (94)
6.2 Spring MVC 程序运行原理 ·· (97)
6.4 Spring MVC 的体系结构 ·· (100)
本章总结 ·· (101)
练习题 ··· (101)

第 7 章 Spring MVC 注解 ··· (102)
7.1 基于注解的控制器配置 ··· (102)
7.2 Spring MVC 注解详解 ··· (104)
  7.2.1 @RequestMapping 标注在类上 ·· (104)
  7.2.2 @RequestMapping 注解的属性 ·· (104)
  7.2.3 CURL 工具软件 ·· (106)
7.3 应用@RequestMapping 标注方法的案例 ·· (107)
本章总结 ·· (111)
练习题 ··· (111)

第 8 章 Spring MVC 进阶 ··· (112)
8.1 RESTful ·· (112)
8.2 JSON 数据格式处理 ·· (113)
  8.2.1 JSON ·· (113)
  8.2.2 Spring MVC 返回 JSON ··· (114)
8.3 拦截器 ··· (117)
  8.3.1 拦截器的定义 ··· (117)
  8.3.2 拦截器应用实战 ·· (119)
8.4 文件上传 ·· (122)
本章总结 ·· (125)
练习题 ··· (125)

第 9 章 Spring 框架对 DAO 层的支持 ·· (126)
9.1 Spring JDBC 概述 ·· (126)
  9.1.1 为什么要使用 Spring JDBC ··· (126)
  9.1.2 Spring JDBC 模块的组成 ··· (126)
9.2 Spring JDBC 快速入门 ·· (127)
  9.2.1 案例需求 ·· (127)
  9.2.2 案例步骤 ·· (127)
9.3 DBCP 连接池 ·· (130)
  9.3.1 什么是连接池 ··· (130)

		9.3.2　数据库连接池API ··· （132）
		9.3.3　常用连接池的工具 ··· （132）
		9.3.4　DBCP连接池的使用 ·· （133）
	9.4　Druid连接池 ·· （136）
		9.4.1　Druid简介 ··· （136）
		9.4.2　Druid常用的配置参数 ··· （136）
		9.4.3　Druid连接池的使用 ·· （137）
		9.4.4　连接池小结 ··· （139）
	9.5　JUnit ··· （140）
	9.6　JdbcTemplate的使用 ·· （140）
		9.6.1　JdbcTemplate的概述 ·· （140）
		9.6.2　JdbcTemplate实现增删改的操作 ·· （141）
		9.6.3　实现各种查询 ·· （143）
	9.7　使用JdbcDaoSupport类 ··· （150）
		9.7.1　JdbcDaoSupport类的作用 ··· （150）
		9.7.2　创建自己的Dao类 ·· （150）
	本章总结 ·· （154）
	练习题 ··· （154）
第10章　MyBatis框架实现数据库的操作 ··· （156）
	10.1　MyBatis3框架 ·· （156）
		10.1.1　框架的概述 ··· （156）
		10.1.2　MyBatis的优点 ·· （156）
		10.1.3　MyBatis的不足 ·· （157）
	10.2　MyBatis下载与安装 ··· （157）
	10.3　快速入门：第1个MyBatis的程序 ·· （158）
		10.3.1　案例需求 ··· （158）
		10.3.2　案例步骤 ··· （158）
	10.4　核心的API ·· （163）
		10.4.1　SqlSessionFactory类 ··· （163）
		10.4.2　SqlSession类 ·· （164）
	10.5　配置文件 ·· （165）
		10.5.1　核心配置文件mybatis-config.xml ··· （165）
		10.5.2　映射配置文件 ·· （169）
		10.5.3　其他查询的映射配置 ··· （177）
	10.6　DAO实现的三种方式 ··· （181）
		10.6.1　基于XxxMapper.xml映射文件的访问方式 ·································· （181）
		10.6.2　基于数据访问接口+XxxMapper.xml文件的访问方式 ··················· （186）
		10.6.3　基于数据访问接口+注解的访问方式 ·· （188）
	本章总结 ·· （191）
	练习题 ··· （191）

第 11 章　MyBatis 框架的高级使用 (192)
11.1　实体之间的关系映射 (192)
11.1.1　一对多的关系 (192)
11.1.1　多对多的关系 (200)
11.2　优化查询性能 (208)
11.2.1　使用延迟加载 (208)
11.2.2　查询缓存 (210)
11.3　动态 SQL 标签的用法 (214)
11.3.1　<if>和<choose>标签 (215)
11.3.2　<foreach>标签 (224)
11.3.3　<sql>和<include>标签 (226)
本章总结 (229)
练习题 (229)

第 12 章　基于 SSM 的管理系统 (233)
12.1　功能描述 (233)
12.2　数据库设计 (235)
12.3　框架搭建 (236)
12.3.1　添加 SSM 框架集成类库 (236)
12.3.2　Spring、Spring MVC 和 MyBatis 的整合配置 (237)
12.3.3　MyBatis 逆向工程生成 pojo 和 Mapper (240)
12.4　系统业务功能实现 (243)
12.4.1　用户模块 (243)
12.4.2　商品模块 (247)
本章总结 (263)
练习题 (264)

第 1 章 Java 应用开发综述

信息技术已经使我们的工作生活变得越来越便利。可以直接使用手机扫码支付,可以足不出户地从网站购买全世界的商品,可以在国内通过互联网学习世界一流大学的课程。这一切都需要应用软件的支撑,Java 语言在其中发挥了重要的作用。

从 Sun 公司 1995 年正式发布 Java 到现在已经有二十多年了。Java 也随着 Java EE(Java platform,Enterprise Edition,Java 平台企业版)的发布成为大中型信息系统的首选开发语言。以下为 IEEE Spectrum 杂志(美国电气电子工程师学会出版的旗舰杂志)发布的 2017 年度的计算机编程语言排行榜,这也是最新编程语言 Top 榜。据介绍,IEEE Spectrum 的排序来自 10 个重要线上数据源的综合,如 Google、Twitter、GitHub 等平台,选出了排名前 10 的编程语言。其中,Java 是可以同时用于 Web 开发、PC 软件开发和移动设备开发三种平台的第一名,如图 1-1 所示。

图 1-1　2017 年度计算机编程语言排行榜

如果读者有 JavaSE 的学习或开发经验,就会发现目前使用 Java 开发 C/S(Client/Server,客户端/服务器)模式的程序日渐减少,而使用 Java EE 来开发 B/S(Browser/Server,浏览器/服务器)模式的程序早已成为企业信息系统的主流。

本书主要介绍使用 Java EE Web 的主流企业级开发框架来开发信息系统。虽然一般使用 Java EE 来开发大中型系统，但是本书以小型系统来讲解知识点，这样的好处是降低了读者学习的难度。小型系统中简单的业务可以让读者将重点放到 Java EE 知识体系的学习而不必花太多的时间在令人费解的业务上。

1.1 Java EE 技术和相关框架

长期以来，Java EE（以前也简称为 J2EE）已成为各行业（金融、电信、零售、商业等）开发和部署企业级应用程序的首选平台。这是因为 Java EE 提供了一个基于标准的平台，可以用来构建强壮和高扩展性的分布式应用程序，以支持类似从银行核心业务到在线购物平台的所有业务。但是，开发一款功能强大的 Java EE 应用程序不是一项容易的任务。因为开源的 Java 平台提供了丰富的选项，数目繁多的框架、实用的工具库、集成开发环境（IDE）以及各种工具，使得开发工作更具有挑战性。"工欲善其事，必先利其器"。因此，选择合适的技术是非常重要的。选择使用良好的架构和技术，才可能构建易于维护、复用和扩展的程序。

1.1.1 Java EE 应用程序架构

J2EE 应用程序由一些组件组成，包含了 JavaServerPages（JSP）、Servlet 和 Enterprise JavaBeans（EJB）模块。开发人员通过以上介绍的这些组件来构建大型分布式应用程序。开发人员将这些 J2EE 应用程序打包在 Java 归档（Java Archive，JAR）文件中，这些文件可以分发到各个地域不同的站点。管理员将 Java EE 归档文件部署到一个或多个应用服务器上，然后运行这些应用程序。Java EE 使用多层分布式应用模型，应用逻辑按功能划分为组件，各组件根据其所在的层分布在不同机器上。该应用模型通常分为 4 层来实现，如图 1-2 所示。

1）客户层：运行在客户计算机上的组件。
2）Web 层：运行在 Java EE 服务器上的组件。
3）业务层：同样运行在 Java EE 服务器上的组件。
4）企业信息系统层：指运行在 EIS（企业信息系统）服务器上的软件系统。

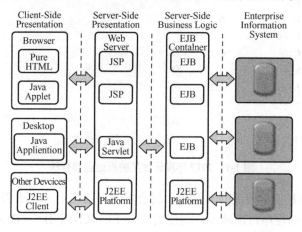

图 1-2　Java EE 平台四层结构图

Java EE 平台使得分布式多层应用程序的开发变得更为容易。应用程序的各个组件可以基于功能来进行划分。不同层上的组件可以使用一种名为 MVC 的架构模式来建立协作关系。

1979 年，Trygve Reenshaug 在 "*Applications Programming in Smalltalk-80: How to Use Model-View-Controller*" 一文中首次提出了 MVC 的概念。简单地说，MVC 是将一个应用程序划分为三个不同的但又相互协作的组件。这三个核心部件分别是模型（Model）、视图（View）、控制器（Controller）。

在 MVC 结构中，模型代表应用程序的数据（Data）和用于控制访问和修改这些数据的业务规则（Business Rule）。通常，模型被用来作为对现实世界中一个处理过程的软件近似，当定义一个模型时，可以采用一般的简单的建模技术。

当模型发生改变时，它会通知视图，并且为视图提供查询模型相关状态的能力。同时，它也为控制器提供访问封装在模型内部的应用程序功能的能力。

视图用来组织模型的内容。它从模型那里获得数据并指定这些数据如何表现。当模型变化时，视图负责维持数据表现的一致性，并将用户要求告知控制器。

控制器定义了应用程序的行为；它负责对用户的要求进行解释，并把这些要求映射成相应的行为，这些行为由模型负责实现。在独立运行的 GUI 客户端，用户要求可能是一些鼠标单击或菜单选择操作；在一个 Web 应用程序中，它们的表现形式可能是一些来自客户端的 GET 或 POST 的 HTTP 请求。模型所实现的行为包括处理业务和修改模型的状态。根据用户要求和模型行为的结果，控制器选择一个视为对用户请求的应答。通常一组相关功能集对应一个控制器。图 1-3 为 MVC 三个组件之间的协作关系图。

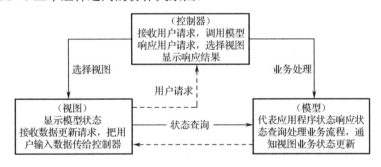

图 1-3　MVC 协作关系图

Struts 是 Java 语言领域中最早实现 MVC 模块的框架，早在 2000 年，Craig McClanahan 采用了 MVC 的设计模式开发 Struts。随着时间的推移，软件开发领域新技术、新方法、新思想的出现，Struts 中的很多地方已不能适应最新的需求，所以 Struts 和另外一个著名的 Web 框架——WebWork 合并了，将新的框架称为 Struts 2。2005 年前后，Struts 2 借助它的历史积淀和优秀的设计成为了企业 Java EE 开发中采用率最高的 Web 框架。但是由于 Struts 2 最近接连爆出了严重的安全漏洞,而框架 Spring 也长足发展,因此 Spring MVC 已经取代 Struts 2 成为 MVC 的首选框架之一。

1.1.2　对象关系映射框架

面向对象开发方法是当今的主流，但是同时我们不得不使用关系型数据库，所以在企业级应用开发的环境中，对象、关系的映射（ORM）是一种耗时的工作。围绕对象关系的映射和持久数据的访问,在 Java 领域中发展起来了一些 API 和框架。Hibernate 就是其中的佼佼者。它不仅仅管理 Java 类到数据库表的映射(包括 Java 数据类型到 SQL 数据类型的映射),还提供数据查询和获取数据的方法,可以大幅度减少开发时手动使用 SQL 和 JDBC 处理数据的时间。当然,Hibernate 的缺点在于它太过于庞大和复杂,所以又有了 MyBatis 框架。

它虽然没有 Hibernate 那么强大的功能,但是它使用简单、入门容易,且非常灵活。所以 MyBatis 框架也受到了广大程序员的喜爱。

1.1.3 Spring 框架

Spring 是一个 Java EE 开源框架。它是于 2003 年兴起的一个轻量级的 Java 开发框架,由 Rod Johnson 在其著作 *Expert One-On-One J2EE Development and Design* 中阐述的部分理念和原型衍生而来。它是为了解决企业应用开发的复杂性而创建的,Spring 使用基本的 JavaBean 来完成以前只可能由 EJB 完成的事情。

1.2 数据库准备

1.2.1 MySQL 数据库安装

本书案例基于如下版本进行讲解。

IDE:MyEclipse 8 或以上(MyEclipse 2014 最佳)。

数据库服务器:MySQL 5.x

Web 服务器:Tomcat 7 以上。

事先应安装好 MySQL 数据库。

Windows 上安装 MySQL 相对来说会较为简单,只需要在 MySQL 官网下载 Windows 版本的 MySQL 安装包,并解压安装包即可。

1)进入 MySQL 官方网站:http://www.mysql.com/。

依次进入 Downloads → Community → MySQL on Windows / MySQL Installer → MySQL Installer,如图 1-4 所示。

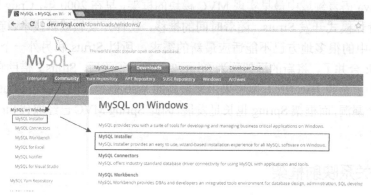

图 1-4 MySQL 下载

2）由于是本地安装，因此这里选择完整版本。

要注意自己的操作系统版本是 64 位还是 32 位。如果操作系统是 64 位的，那么下载 64 位的 MySQL 能发挥最佳的效果，如图 1-5 所示。

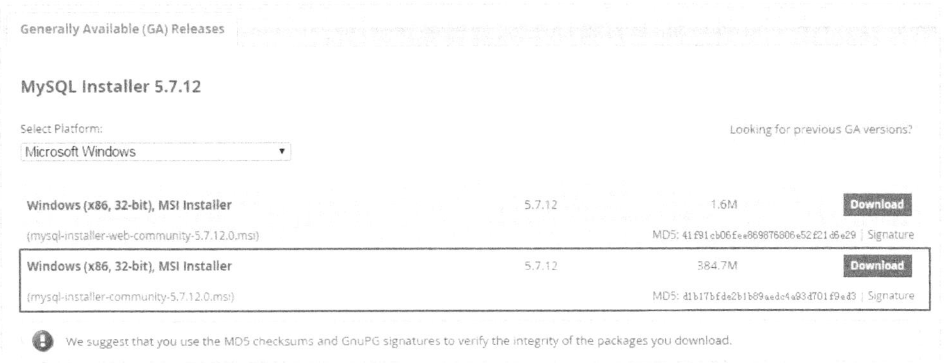

图 1-5 下载对应的版本

3）双击下载的安装文件，然后根据安装步骤指引安装配置好 MySQL 数据库服务器即可。

1.2.2　案例数据库准备

假设有一个小型的员工信息系统案例，具有的功能如下。

1）可以对员工进行基本信息维护。

2）可以对部门信息进行增、删、查、改。

3）可以改变员工所属部门（从一个部门调往另一个部门）。

我们先从数据库开始完成这个任务，即先建立数据库和表。

MySQL 服务正确安装后，默认会建立 1 个 root 账户，建议设置其登录密码为 123456，再建立 1 个的名为 mydb 的数据库。

案例的示例数据库中第一张表名为 Dept。其中，DEPTNO 表示部门编号，它是主键。其脚本如下：

```
CREATE TABLE DEPT(
    DEPTNO INT    PRIMARY KEY,
    DNAME VARCHAR(14),
    LOC VARCHAR(13)
)ENGINE=INNODB;
```

第二张表名为 EMP。其中，EMPNO 是员工编号，它是主键，且 DEPTNO 是外键，引用了 DEPT 表的 DEPTNO 主键。其脚本如下：

```
CREATE TABLE EMP(
    EMPNO INT    PRIMARY KEY,
    ENAME VARCHAR(10),
    JOB VARCHAR(9),
    MGR INT,
    HIREDATE DATE,
    SAL FLOAT,
```

```
        COMM FLOAT,
        DEPTNO INT
)ENGINE=INNODB ;
```

注意：在 MySQL 中数据库引擎必须是 InnoDB 才能创建主外键约束，所以建表的同时指定了引擎为 InnoDB。再给这两张表添加主外键关系的约束：

```
-- 添加主外键约束
ALTER TABLE 'mydb'. 'emp' ADD CONSTRAINT 'fk_dept' FOREIGN KEY ('DEPTNO') REFERENCES 'mydb'. 'dept' ('DEPTNO') ON UPDATE CASCADE ON DELETE CASCADE;
```

代码说明：为了节约篇幅，本书的大部分程序代码清单省略了 import 语句，且 JavaDoc 注释改为普通注释，所以有些代码并不符合 Java 格式的规范。规范代码请参照本书提供的电子资料。

在华信教育资源网（www.hxedu.com.cn）或者作者博客地址中可找到本书案例代码、PPT 及后续补充资料下载网址。

作者博客：http://blog.51cto.com/cnjava。

1.3 安装 JDK 和 Tomcat

在开始编写本书的第一行代码之前，读者要准备好开发环境。

除了数据库软件之外，开发环境分为 Java 和 JSP。

Java 开发环境就是 JDK 的安装和配置。

1.3.1 JDK 配置

JDK（Java Development Kit）就是 Java 的开发工具包，无论是开发 Java SE 或 Java EE，JDK 都是必须要先安装的开发工具。JDK 的安装非常简单，下面是其安装步骤。

步骤 1：下载 JDK。网址如下：

http://www.oracle.com/technetwork/java/javase/downloads/index.html

但是它只有最新的 JDK 10 可供下载。JDK10 太新了，很多软件并没有跟上它的脚步，所以不建议在企业开发中使用，至少等其成熟后才会慢慢被企业所采用。

可以在以下地址找到所有版本，选择需要下载即可。

http://www.oracle.com/technetwork/java/javase/archive-139210.html

目前，JDK 7 或 JDK 8 使用比较多，兼容性好。

本书要求安装 JDK 7。注意版本的选择，本书介绍的是 Windows 7 平台下 JDK 的安装，如图 1-6 所示。

步骤 2：下载完成以后，直接运行软件包的安装文件。

接下来就是标准的下一步动作了，默认安装的路径也不用修改，它会放到 C:\Program Files\Java\jdk1.7.0_80 目录中，如图 1-7 所示。

步骤 3：环境变量的配置。

这一步尤其重要，很多初学者或经验不多的开发者都会犯错，导致后面的开发中出现各种各样的问题。

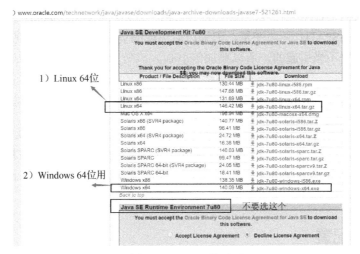

图 1-6　JDK 下载页面

图 1-7　JDK 安装位置

Windows 下 Java 用到的环境变量主要有 3 个：JAVA_HOME、CLASSPATH、PATH。首先新建 JAVA_HOME 环境变量，指向 JDK 的安装路径，参见图 1-8。

图 1-8　新建 JAVA_HOME 环境变量

再建立 PATH 环境变量，原来 Windows 中就有 PATH，只需修改并新增，使它指向 JDK 的 bin 目录即可。这样，在控制台中编译、执行 Java 程序时就不需要再输入一大串路径了。设置方法是保留原来的 PATH 的内容，并在其后面加上%JAVA_HOME%\bin。

最后设置 CLASSPATH 环境变量。因为以后出现的莫名其妙的问题 80%以上都可能是由于 CLASSPATH 设置不当引起的，所以要加倍小心。

设置：

CLASSPATH=.;%JAVA_HOME%\lib;%JAVA_HOME%\lib\tools.jar

要注意的是最前面的点号，它表示当前目录。%JAVA_HOME%\lib 以及%JAVA_HOME%\lib\tools.jar 之间用分号来分隔。也要注意这里所有的标点符号都应该是英文标点符号。

可以手动编写一个 Hello World 的 Java 程序。手动编译并运行它。如果正确运行，则表示 JDK 环境变量配置正确完成。

1.3.2　Tomcat 配置

接下来配置 Tomcat。

首先下载 Tomcat，地址是 https://tomcat.apache.org/index.html。

现在其最新版本是 Tomcat 9。同样，降级选择 Tomcat 8 即可，如图 1-9 所示。

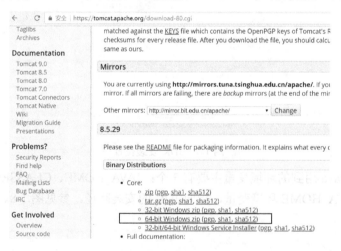

图 1-9　Tomcat 下载页面

下载一个 ZIP 压缩文件。如果 JDK 配置正确，则 Tomcat 几乎不用配置，解压即可使用。建议直接下载压缩版解压缩，并存放到非系统盘（如 D 盘）的根目录。例如，编者的就放在了 D:\tomcat8 目录下。

在 tomcat8\bin\文件夹下有用于启动 Tomcat 的文件，名为 startup.bat，它是适用于 Windows 系统的批处理文件，如果是 Linux 系统，则启动 startup.sh 的 Shell 脚本即可。

启动成功后就可以测试 Tomcat 能否正确运行了。不要关闭启动成功后的 DOS 窗口，否则 Tomcat 会随之关闭。用浏览器直接访问 http://localhost:8080，如果可以看到如图 1-10 所示的界面，则表示 Tomcat 服务器启动成功了！恭喜你！你走出了互联网的第一步，可以开始将编写的网页分享给世界上任何一个人了。

图 1-10　Tomcat 启动成功

本章总结

本章首先介绍了 Java EE 的背景知识，然后引导用户安装了 MySQL 数据库，最后安装配置了 JDK 和 Web 服务器 Tomcat。

为了开发方便，请自行安装 Java EE 的开发工具，目前最流行的是 Eclipse EE、MyEclipse 和 IDEA 三种。其中 Eclipse EE 可以免费使用，后两种都是收费的商业软件。MyEclipse 以前较为流行，而 IDEA 是后起之秀，很受年轻开发者的喜欢。这里以 MyEclipse 2014 为主进行介绍，读者可以自行学习 IDEA。

虽然 MyEclipse 自带了嵌入式的 Tomcat，但是调试不太方便，可以在 MyEclipse 中集成外部的 Tomcat。大家可以自行查找资料，将 Tomcat 8 集成到 MyEclipse 中。

练习题

简答题

1．简述现在主流的编程语言有哪些？各自适用于什么类型的软件开发？
2．简述 Java EE 的架构。
3．查阅资料和大型招聘网站，描述大公司对 Java EE 应用开发工程师的最新要求。
4．Tomcat 如何和 MyEclipse 集成？

第 2 章

JSP 与 Servlet

2.1 JSP 入门

JSP 技术使用 Java 编程语言编写类似于 XML 的标签和小脚本,来封装产生动态网页的处理逻辑的 Java 语句。网页还能通过标签和小脚本访问存在于服务端的资源的应用逻辑。JSP 将网页逻辑与网页设计和显示分离,支持可重用的基于组件的设计,使基于 Web 的应用程序的开发变得迅速和容易。

Web 服务器在遇到访问 JSP 网页的请求时,首先执行其中的程序段,然后将执行结果连同 JSP 文件中的 HTML 代码一起返回给客户。插入的 Java 程序段可以操作数据库、重新定向网页等,以实现建立动态网页所需要的功能。

JSP 与 Java Servlet 一样,是在服务器端执行的,通常返回该客户端的就是一个 HTML 文本,因此客户端只要有浏览器就能浏览,如图 2-1 所示。

JSP 的 1.0 规范的最后版本是 1999 年 9 月推出的,1999 年 12 月又推出了 1.1 规范,目前主流的是 JSP 2.0。

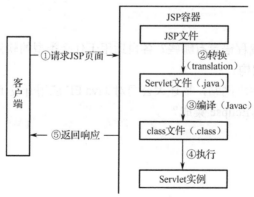

图 2-1　JSP 的执行过程

JSP 的运行主要包括以下步骤：

1）客户端发出 Request 请求。

2）JSP 容器将 JSP 转译成 Servlet 的源代码。

3）将产生的 Servlet 的源代码经过编译后，加载到内存中执行。

4）把结果 Response 响应至客户端。

当服务器上的一个 JSP 页面第一次被请求时，Web 服务器上的 JSP 引擎首先将 JSP 页面编译成 Servlet，然后执行该 Servlet。该 Servlet 主要完成以下 2 项任务：

① 把 JSP 页面中的 HTML 标记交给客户端的浏览器解释执行。

② 把 JSP 页面中的 JSP 指令标记、动作标记、JSP 声明、代码段和表达式交给服务器执行，然后将结果送给浏览器。

2.1.1　第一个 JSP 程序的运行

任务：在页面中显示部门信息。

首先在项目中定义一个 Java 类。

程序清单：Depart.java。

```java
public class Depart {
    private int dno;              // 部门编号
    private String dname;         // 部门名称
    private String location;      // 部门所在地址
    //省略 getter/setter 方法
}
```

如果是普通的 Java 文件，要在本地控制台显示一个部门的信息，那么代码如下。

程序清单：DepartApp.java。

```java
public class DepartApp {
    public static void main(String[] args) {
        Depart depart=new Depart(100, "开发部", "广州");
        System.out.println("部门编号："+depart.getDno());
        System.out.println("部门名字："+depart.getDname());
        System.out.println("部门所在城市："+depart.getLocation());
    }
}
```

但是我们现在的目的是将部门信息显示在**远程用户**的浏览器上，所以 JSP 代码应如下所示。

程序清单：showDepart.jsp。

```jsp
<%@ page language="java" import="java.util.*" pageEncoding="utf-8"%>
<%@ page import="org.newboy.ch1.entity.Depart" %>
<html>
  <head><title>显示部门信息</title> </head>
  <body>
  <%
      Depart depart=new Depart(100, "开发部", "广州");
```

```
            out.println("部门编号："+depart.getDno()+"<br/>");
            out.println("部门名字："+depart.getDname()+"<br/>");
            out.println("部门所在城市："+depart.getLocation());
        %>
    </body>
</html>
```

此程序运行在浏览器中的访问效果如图2-2所示。

通过此JSP文件可以看出，一个JSP页面是由传统的HTML页面标记加上JSP标记和嵌入的Java代码组成的，其由以下4种元素组成：HTML标记、JSP标记、JSP脚本和注释。

JSP标记包括指令标记和动作标记。指令标记是为JSP引擎而设计的，它向JSP引擎发送消息，告诉引擎如何处理其余JSP页面。动作标记是JSP页面特有的标记，它告诉Web容器去执行某个"动作"。

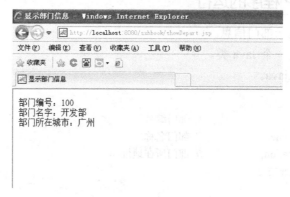

图2-2 JSP显示结果

JSP脚本是JSP页面中插入的Java代码，它又可以细分为声明、代码段和表达式。
其中，声明用于定义特定于JSP页面(Servlet类)的变量、方法和类；
代码段是嵌入的Java语句；
表达式是Java脚本中输出语句的简化表示形式。

2.1.2 JSP中的小脚本

对比DepartApp.java和showDepart.jsp，在JSP中除了静态的HTML代码以外，有一段Java代码是用<% %>标记起来的，这段代码称为JSP小脚本（Scriptlet）。

```
<%
//Java 代码
%>
```

小脚本似乎没有什么秘密，就是在<% %>标记中严格遵循Java的语法规则去写代码就可以了。但是它的神奇之处在于，一个页面的某一段小脚本可以是某一个Java代码片段，只要保证最后所有的小脚本中的Java代码组合在一起是合法的即可。

例如：

```
<body>
```

```
    <%
    for(int i=0;i<3;i++){
            out.println("i:"+i);
    %>
    <%}%>
</body>
```

以上代码可以正常运行并在浏览器页面输出 i 的值。

仔细观察，在第一个<% %>组合中 for 循环只有左大括号，很明显缺少了右大括号，但是它可以在第二个 <% } %>中补齐。

更神奇的是，可以在其中加入普通 HTML 代码，它能正常运行出来，而且会被 Java 代码控制。

程序清单：for2.jsp。

```
<body>
 <%
 for(int i=0;i<3;i++){
    %>
    <a href="#">超链接</a><br/>
    <% } %>
</body>
```

这段 JSP 程序会在页面中生成 3 个超链接，效果如图 2-3 所示。

图 2-3　JSP 控制超链接

2.1.3　JSP 表达式输出结果

将刚才的例子改进一下，希望输出 3 个超链接，同时加入超链接的编号。可以在 JSP 页面中使用<%= Java 变量%>的方式来输出 Java 变量的值。

JSP 代码如下：

```
<body>
    <%
    for(int i=0;i<3;i++){
    %>
```

```
        <a href="#">超链接   <%=i+1 %> </a><br/>
       <% }%>
   </body>
```

JSP 表达式可以输出 JSP 小脚本中的变量和常量。以下为表达式输出的另一个例子。

```
<%@ page language="java" import="java.util.*,java.text.*" contentType="text/html; charset=utf-8" %>
<html>
    <head><title>表达式输出 2 个数的和</title></head>
    <body>
    两个数的求和结果为：
    <%
        int num1 = 4, num2 = 5 ;
        int result = num1+num2;
    %>
    <%=result %>
    </body>
</html>
```

2.1.4 JSP 中的注释

JSP 有三种注释方式，分别如下。

第一种：HTML 注释（输出注释），指在客户端查看源代码时能看见的注释。例如：

```
<!--   这是第一种 HTML 注释. -->
```

第二种：JSP 页注释（隐藏注释），指注释虽然写在 JSP 程序中，但不会发送给客户，因此在客户端查看源代码时不能看见注释。这样的注释在 JSP 编译时会被忽略掉。例如：

```
<%--   这是第二种 JSP 注释         --%>
```

第三种：Java 注释，只能出现在 Java 代码区中，不允许直接出现在页面中。例如：

```
//单行注释
/*多行注释*/
```

程序清单：showDepart_2.jsp。

```
<%@ page language="java" import="java.util.*" pageEncoding="utf-8"%>
<%@ page import="org.newboy.ch1.entity.Depart" %>
<html>
    <head> <title>显示部门信息</title>    </head>
    <body>
    <!-- 第一种注释：HTML 注释 -->
    <%-- 第二种注释：JSP 注释    --%>
    <%
        // 第三种注释：Java 注释
        Depart depart=new Depart(100, "开发部", "广州");
        out.println("部门编号："+depart.getDno()+"<br/>");
        out.println("部门名字："+depart.getDname()+"<br/>");
        out.println("部门所在城市: "+depart.getLocation());
```

```
        %>
    </body>
</html>
```

2.2 JSP 的内置对象

在 Java 语言中，所有的对象都要声明后才能使用。而在 JSP 中为了方便开发者，由 Web 容器提前生成了几个常用的对象，可以不加声明和创建即在 JSP 页面脚本（Java 程序片和 Java 表达式）中使用，这些对象被称为内置对象，又称为隐含对象。

在 JSP 页面中，可以通过存取这些隐含对象实现与 JSP 页面和 Servlet 环境的相互访问。JSP 页面的隐含对象就是在 JSP 页面中不用声明就可以使用的对象。隐含对象是 JSP 引擎自动创建的 Java 类实例，它们能与 Servlet 环境交互。隐含对象可以实现很多功能，如从客户端获得数据、向客户端发回数据、控制传输数据的有效域和异常处理等。下面举例说明利用隐含对象做的事情。

1）不必使用表达式，可以直接存取 out 对象来打印一些东西到客户端：

`<% out.println("Hello"); %>`

2）可以借助请求对象来取得客户端输入的参数值：

`<% String name=request.getParameter("name"); %>`

3）完成页面的重定向：

`<% response.sendRedirect("/hello.jsp" );%>`

4）在错误页面中显示出错信息：

`<% String st=exception.getMessage();%>`

JSP 规范中定义了 9 种隐含对象，它们是 request、response、session、out、application、pageContext、page、config 和 exception，这些对象在服务器端和客户端交互过程中分别完成不同的功能，如表 2-1 所示。

表 2-1　JSP 中的 9 个隐含对象

隐含对象	所属的类	说　明
request	javax.servlet.http.HttpServletRequest	客户端的请求信息
response	javax.servlet.http.HttpServletResponse	网页传回客户端的响应
session	javax.servlet.http.HttpSession	与请求有关的会话
out	javax.servlet.jsp.JSPWriter	向客户端浏览器输出数据的数据流
application	javax.servlet.ServletContext	提供全局的数据，一旦创建就保持到服务器关闭
pageContext	javax.servlet.jsp.PageContext	JSP 页面的上下文，用于访问页面属性
page	java.lang.Object	同 Java 中的 this，即 JSP 页面本身
config	javax.servlet.servletConfig	Servlet 的配置对象
exception	java.lang.Throwable	针对错误网页，捕捉一般网页中未捕捉的异常

下面主要介绍常用的 3 种对象。

1．out 对象

out 对象是一个输出流，用来向客户端输出数据。out 对象用于各种数据的输出。

其常用方法如下：

1）out.print()：输出各种类型数据。

2）out.newLine()：输出一个换行符。

3）out.close()：关闭流。

程序清单：out.jsp。

```
<%@ page language="java" import="java.util.*" pageEncoding="utf-8"%>
<%@ page import="org.newboy.ch1.entity.Depart" %>
<html>
  <head> <title>显示部门信息</title> </head>
  <body>
<%
        Depart depart=new Depart(100,"开发部","广州");
        out.println("部门编号："+depart.getDno()+"<br/>");
        out.println("部门名字："+depart.getDname()+"<br/>");
        out.println("部门所在城市："+depart.getLocation());
%>
  </body>
</html>
```

2．request 对象

客户端的请求信息被封装在 request 对象中，通过它才能了解到客户的需求，然后做出响应。它是 HttpServletRequest 类的实例。

request 对象具有请求域，即完成客户端的请求之前，该对象一直有效。

HTTP 协议是在客户端与服务器之间传递请求与响应信息的通信协议。在 JSP 页面中，隐含对象 request 代表的是来自客户端的请求，通过它可以查看请求参数、请求类型（GET、POST、HEAD 等）以及请求的 HTTP 头（Cookie、Referer 等）客户端信息，它是实现 javax.servlet.HttpServletRequest 接口的类的一个实例。request 对象的方法有很多，有些是从 javax.servlet.ServletRequest 接口中继承的，这些函数与协议类型无关，有些是 javax.servlet.HttpServletRequest 中的方法，它们只支持 HTTP 协议。从功能角度可以将这些方法分为以下几类。

取得请求参数的方法，如表 2-2 所示。

表 2-2 取得请求参数的方法

方　　法	说　　明
String getParameter(String name)	取得 name 的参数值
Enumeration getParameterNames( )	取得所有的参数名称
String [] getParameterValues(String name)	取得所有 name 的参数值
Map getParameterMap( )	取得一个参数的 Map

储存和取得属性方法，如表 2-3 所示。

表 2-3 存取属性的方法

方　　法	说　　明
Object getAttribute(String name)	取得 request 对象中的 name 属性值
void setAttribute(String name, Object o)	设定名称为 name 的属性值为 o
void removeAttribute(String name)	取消 request 对象中的 name 属性
Enumeration getAttributeNames()	返回 request 对象所有属性的名称

其他重要方法，如表 2-4 所示。

表 2-4 request 的其他重要方法

方　　法	说　　明
String getContentType()	取得请求数据类型
Cookie [] getCookies( )	取得与请求有关的 Cookies
int getContentLength()	取得请求数据长度
ServletInputStream getInputStream()	取得客户端上传数据的数据流
String getQueryString()	取得请求的参数字符串，HTTP 的方法必须为 GET
String getMethod()	取得 GET 或 POST 等
StringBuffer getRequestURL()	取得请求的 URL 地址
String getContextPath( )	取得 Context 路径(即站点名称)
void setCharacterEncoding(String encoding)	设定编码格式，用来解决窗体传递中文的问题

request 对象的其他方法可以查阅 API。request 对象中比较常用的方法是 getParameter()、getParameterNames()、getParameterValues()和 getRequestDispatcher()。

3. response 对象

response 对象包含了响应客户请求的有关信息，但在 JSP 中很少直接用到它。它是 HttpServletResponse 类的实例。response 对象具有页面作用域，即访问一个页面时，该页面内的 response 对象只能对这次访问有效，其他页面的 response 对象对当前页面无效。

response 对象的主要方法如表 2-5 所示。

表 2-5 response 对象的方法

方　　法	说　　明
sendRedirect(String url)	把响应发送到另外一个位置进行处理
setContentType(String type)	设置响应的类型，如"html/text"
setCharacterEncoding(String charset)	设置响应的字符编码格式
addCookie(Cookie cookie)	在客户端添加一个 Cookie 对象，用于保存客户端信息

2.3 Servlet

2.3.1 Servlet 概念

Servlet 是什么？

Java Servlet 是运行在 Web 服务器或应用服务器上的程序，它是来自 Web 浏览器或其他 HTTP 客户端的请求和 HTTP 服务器上的数据库或应用程序之间的中间层。Servlet 初出现时被认为是一种迷人的动态网页技术。

使用 Servlet，可以收集来自网页表单的用户输入，呈现来自数据库或者其他源的记录，还可以动态创建网页。

Java Servlet 通常情况下与使用公共网关接口（Common Gateway Interface，CGI）实现的程序可以达到异曲同工的效果。但是相比于 CGI，Servlet 有以下几点优势。

1）性能明显更好。

Servlet 在 Web 服务器的地址空间内执行。这样它就没有必要再创建一个单独的进程来处理每个客户端请求了。

2）Servlet 是独立于平台的，因为它们是用 Java 编写的。

服务器上的 Java 安全管理器执行了一系列限制，以保护服务器计算机上的资源。

3）Servlet 是可信的。

Java 类库的全部功能对 Servlet 来说都是可用的。它可以通过 sockets、RMI 机制与 applets、数据库或其他软件进行交互。

2.3.2 Servlet 作用

Servlet 执行以下主要任务。

1）读取客户端（浏览器）发送的显式的数据。这包括网页上的 HTML 表单，也可以是来自 applet 或自定义的 HTTP 客户端程序的表单。

2）读取客户端（浏览器）发送的隐式的 HTTP 请求数据。这包括 cookies、媒体类型和浏览器能理解的压缩格式等。

3）处理数据并生成结果。这个过程可能需要访问数据库，执行 RMI 或 CORBA 调用，调用 Web 服务，或者直接计算得出对应的响应。

4）发送显式的数据（即文档）到客户端（浏览器）。该文档的格式可以是多种多样的，包括文本文件（HTML 或 XML）、二进制文件（GIF 图像）、Excel 等。

5）发送隐式的 HTTP 响应到客户端（浏览器）。这包括告诉浏览器或其他客户端被返回的文档类型（如 HTML），设置 cookies 和缓存参数，以及其他类似的任务。

Java Servlet 是运行在带有支持 Java Servlet 规范的解释器的 Web 服务器上的 Java 类。

Servlet 可以使用 javax.servlet 和 javax.servlet.http 包创建，它是 Java 企业版的标准组成部分，Java 企业版是支持大型开发项目的 Java 类库的扩展版本。

这些类实现 Java Servlet 和 JSP 规范。比较通行的版本分别是 Java Servlet 2.5 和 JSP 2.1。

后来随着 JDK 中注解技术的流行，Servlet 3.0 中也使用了注解。这里使用更广泛的 Servlet 2.5 技术来讲解案例。

2.3.3　Servlet 使用

可以使用 Servlet 在页面上显示一个 HTML 页面。它的对应代码如下所示。
程序清单：HelloServlet.java。

```
package org.newboy.ch2.servlet;
public class HelloServlet extends HttpServlet {
    public void doGet(HttpServletRequest request, HttpServletResponse response)throws ServletException,IOException {
            response.setContentType("text/html");
            PrintWriter out = response.getWriter();
            out.println("<HTML>");
            out.println("    <HEAD><TITLE>A Servlet</TITLE></HEAD>");
            out.println("    <BODY>");
            out.println(" Hello,world");
            out.println("    </BODY>");
            out.println("</HTML>");
            out.flush();
            out.close();
    }
    public void doPost(HttpServletRequest request, HttpServletResponse response)throws ServletException,IOException {
                doGet(request,response);
    }  }
```

要先在浏览器中访问，再在 web.xml 中部署该 Servlet 类。

```
  <!-- 定义 Servlet -->
  <servlet>
    <servlet-name>HelloServlet</servlet-name>
    <servlet-class>com.newboy.ch2.servlet.HelloServlet</servlet-class>
  </servlet>
  <!-- 定义 Servlet 访问的路径 -->
  <servlet-mapping>
    <servlet-name>HelloServlet</servlet-name>
    <url-pattern>/servlet/HelloServlet</url-pattern>
  </servlet-mapping>
```

其中，<url-pattern>中的值指明了用户在浏览器中访问的地址。

部署项目到 Tomcat 中，打开浏览器，输入地址 http://localhost:8080/sshbook/servlet/HelloServlet，能得到如下的结果。

查看此页面的 HTML 源文件，内容如下：

```
<HTML>
    <HEAD><TITLE>A Servlet</TITLE></HEAD>
    <BODY>
```

```
    Hello,world
   </BODY>
</HTML>
```

执行上述代码后的效果如图 2-4 所示。

图 2-4 Servlet 的执行效果

2.4 Servlet 生命周期

Servlet 生命周期可被定义为从创建直到毁灭的整个过程。以下是 Servlet 遵循的过程。
Servlet 通过调用 **init()** 方法进行初始化。
Servlet 调用 **service()** 方法来处理客户端的请求。
Servlet 通过调用 **destroy()** 方法终止（结束）。
最后，Servlet 是由 JVM 的垃圾回收器进行回收的。
现在来详细讨论生命周期的方法。

2.4.1 init()方法

init 方法被设计成只调用一次。它在第一次创建 Servlet 时被调用，在后续每次用户请求时不再调用。因此，它适用于一次性初始化。

Servlet 创建于用户第一次调用对应于该 Servlet 的 URL 时，但是也可以指定 Servlet 在服务器第一次启动时被加载。

当用户调用一个 Servlet 时，就会创建一个 Servlet 实例，每一个用户请求都会产生一个新的线程，适当的时候移交给 doGet 或 doPost 方法。init()方法可简单地创建或加载一些数据，这些数据将被用于 Servlet 的整个生命周期。

init 方法的定义如下：

```
public void init() throws ServletException {
   // 初始化代码...
}
```

2.4.2 service()方法

service()方法是执行实际任务的主要方法。Servlet 容器（即 Web 服务器）调用 service()方法来处理来自客户端（浏览器）的请求，并把格式化的响应写回客户端。

每次服务器接收到一个 Servlet 请求时，服务器会产生一个新的线程并调用服务。service()方法检查 HTTP 请求类型（GET、POST、PUT、DELETE 等），并在适当的时候调用 doGet、doPost、doPut、doDelete 等方法。

下面是该方法的特征：

```
public void service(ServletRequest request,
                    ServletResponse response)
    throws ServletException, IOException{
}
```

service()方法由容器调用，service 方法在适当的时候调用 doGet、doPost、doPut、doDelete 等方法。所以，用户不用对 service()方法做任何动作，只需要根据来自客户端的请求类型重写 doGet()或 doPost()即可。

doGet()和 doPost()方法是每次服务请求中最常用的方法。下面是这两种方法的特征。

1. doGet()方法

GET 请求来自一个 URL 的正常请求，或者来自一个未指定 Method 的 HTML 表单，它由 doGet()方法处理。

```
public void doGet(HttpServletRequest request,
                  HttpServletResponse response)
    throws ServletException, IOException {
    // Servlet 代码
}
```

2. doPost()方法

POST 请求来自一个特别指定了 Method 为 POST 的 HTML 表单，它由 doPost()方法处理。

```
public void doPost(HttpServletRequest request,
                   HttpServletResponse response)
    throws ServletException, IOException {
    // Servlet 代码
}
```

2.4.3 destroy()方法

destroy()方法只会被调用一次，在 Servlet 生命周期结束时被调用。destroy()方法可以让用户的 Servlet 关闭数据库连接、停止后台线程、把 cookie 列表或点击计数器写入到磁盘中，并执行其他类似的清理活动。

在调用 destroy()方法之后，servlet 对象被标记为垃圾回收。destroy 方法定义如下所示：

```
public void destroy() {
    // 终止化代码……
}
```

对应程序 Hello Servlet.java，可以看出此 HTML 文件源码都是由 out.println()方法打印出来的。如果需要复杂的、动态的网页效果，如通过 Servlet 打印出 HTML 源码的方式，开发效率就会相当低下。所以，Servlet 技术的直接生成网页的功能被 JSP 所取代。但是对于 JavaWeb 程序，Servlet 依然在后台发挥着调度的重要作用，并且在企业级 Web 框架中，如 Struts 1.x、Struts 2.x、Spring MVC 等框架都是基于 Servlet 的一种技术，所以 Servlet 并没有被淘汰，而是退居幕后发挥着作用。

2.5 JSP 和 Servlet 的关系

说到 Servlet 和 JSP 之间的关系，Servlet 技术出现比 JSP 早几年。我们知道一个 JSP 文件的运行要经过翻译、编译、运行 3 个阶段。其中，JSP 文件的翻译阶段就是将一个 JSP 文件翻译成了一个 Java 文件。其实质也就是一个 Servlet。

以之前使用过的 showDepart.jsp 文件为例。在 Tomcat 的 D:\Tomcat8\work\ Catalina\localhost\sshbook\org\apache\jsp 文件夹下（其中 sshbook 为项目名），Tomcat 生成了一个 showDepart_jsp.java 文件。

程序清单：showDepart_jsp.java。

```java
public final class showDepart_jsp extends org.apache.jasper.runtime.HttpJspBase
    implements org.apache.jasper.runtime.JspSourceDependent {

//为节约篇幅，省略部分代码
public void _jspService(HttpServletRequest request, HttpServletResponse response)
        throws java.io.IOException, ServletException {
    PageContext pageContext = null;
    HttpSession session = null;
    ServletContext application = null;
    ServletConfig config = null;
    JspWriter out = null;
    Object page = this;
    JspWriter _jspx_out = null;
    PageContext _jspx_page_context = null;
    response.setContentType("text/html;charset=utf-8");
    pageContext = _jspxFactory.getPageContext(this, request, response,
                null, true, 8192, true);
    _jspx_page_context = pageContext;
    application = pageContext.getServletContext();
    config = pageContext.getServletConfig();
    session = pageContext.getSession();
    out = pageContext.getOut();
    _jspx_out = out;
    out.write("<html>\r\n");
    out.write("    <head>\r\n");
    out.write("        <title>显示部门信息</title>\r\n");
    out.write("    </head>\r\n");
    out.write("    <body>\r\n");
```

```
            Depart depart=new Depart(100, "开发部", "广州");
            out.println("部门编号："+depart.getDno()+"<br/>");
            out.println("部门名字："+depart.getDname()+"<br/>");
            out.println("部门所在城市："+depart.getLocation());
        out.write("    </body>\r\n");
        out.write("</html>\r\n");
    }
}
```

可以看出 JSP 和 Servlet 存在转换的关系。JSP 最终还是会由 Java Web 引擎转换成 Servlet。JSP 可以直接使用 HTML 开发复杂的 HTML 页面，从而提高开发效率。

那么 Servlet 现在可以用来干什么呢？它主要可以处理用户发送的请求、接收表单数据、控制页面的跳转，以及配合过滤器、监听器等发挥后台调度和管理功能。

下面以一个 Web 中常见的登录场景为例，结合 JSP 和 Servlet 来完成登录功能，以便更好地理解 Servlet。

这个例子中有 3 个 JSP 文件。login.jsp 为登录页面，welcome.jsp 为登录成功后的欢迎页面，fail.jsp 为登录失败后的页面。

有 1 个 Servlet 文件 LoginServlet.java 用来处理 login.jsp 文件中的用户发出的登录请求。

login.jsp 程序如下：

```jsp
<%@ page language="java" import="java.util.*" pageEncoding="UTF-8"%>
<html>
  <head> <title>登录例子</title></head>
  <body>
    <form action="LoginServlet" method="post">
        请输入您的姓名：
        <input name="uname" type="text" /><br/>
        请输入您的密码：
        <input name="upass" type="password" /><br/>
        <input type="submit" value="提交" />
    </form>
  </body>
</html>
```

LoginServlet.java 代码如下：

```java
public class LoginServlet extends HttpServlet {
    public void doGet(HttpServletRequest request, HttpServletResponse response)
            throws ServletException, IOException {
        String name = request.getParameter("uname");
        String pass = request.getParameter("upass");
        RequestDispatcher rd = null;           // 跳转对象
        // 如果用户名为 "jack" 并且密码为 123456，则登录成功，跳转到欢迎页面
        if ("jack".equals(name) && ("123456").equals(pass)) {
            rd = request.getRequestDispatcher("welcome.jsp");
        } else {
            rd = request.getRequestDispatcher("fail.jsp");
        }
```

```
            rd.forward(request, response);
        }
    public void doPost(HttpServletRequest request, HttpServletResponse response)
            throws ServletException, IOException {
        doGet(request, response);
        }
}
```

LoginServlet 在 web.xml 中的配置如下：

```xml
<?xml version="1.0" encoding="UTF-8"?>
  <!-- 定义 Servlet -->
  <servlet>
      <servlet-name>LoginServlet</servlet-name>
      <servlet-class>org.newboy.ch2.servlet.LoginServlet</servlet-class>
  </servlet>
  <!-- 定义 Servlet 访问的路径 -->
  <servlet-mapping>
      <servlet-name>LoginServlet</servlet-name>
      <url-pattern>/LoginServlet</url-pattern>
  </servlet-mapping>
</web-app>
```

在 LoginServlet 中处理用户的请求使用的是 doGet()方法或 doPost()方法。此方法当用户发送请求时由 Web 容器自动分配调用，如果用户的请求方式为 post 方式，则将会自动调用 doPost()，如果用户的请求方式为 get 方式，则将会自动调用 doGet()。

一般情况下，不管用户采用何种请求方式，都将采用一致的处理方式。所以在 doPost()中调用了 doGet 方法。

```
    public void doPost(HttpServletRequest request, HttpServletResponse response)
            throws ServletException, IOException {
        doGet(request, response);
        }
```

在此 Servlet 中，我们简化了登录模型，采用了判断用户名为 jack 和密码为 123456 的固定判断。在实际应用中，一般是将用户名及密码保存在数据库中，并且密码要经过加密后再保存。学完下一章后，读者可以完成一个相对完整的登录案例，从用户到界面端输入用户名和密码，然后发送到后台 Servlet，Servlet 再调用 JavaBean，JavaBean 通过 JDBC 来验证用户名密码的正确性，之后再返回给 JSP 对象的页面。

2.6 Servlet 3.0 技术

Servlet 3.0 作为 Java EE 6 规范体系中一员，随着 Java EE 6 规范一起发布。该版本在前一版本（Servlet 2.5）的基础上提供了若干新特性用于简化 Web 应用的开发和部署。其主要有以下 2 个重大更新。

1）异步处理支持：有了该特性，Servlet 线程不再需要一直阻塞，直到业务处理完毕才能输出响应，最后结束该 Servlet 线程。在接收到请求之后，Servlet 线程可以将耗时的操作委派给另一个线程来完成，自己在不生成响应的情况下返回至容器。针对业务处理较耗时的情况，这将大大减少服务器资源的占用，并且提高并发处理速度。

2）新增的注解支持：该版本新增了若干注解，用于简化 Servlet、过滤器（Filter）和监听器（Listener）的声明，这使得 web.xml 部署描述文件从该版本开始不再是必选的了。

下面以 HelloServlet 为例进行介绍。

```
package org.newboy.ch2;

import java.io.IOException;
import java.io.PrintWriter;

import javax.servlet.ServletException;
import javax.servlet.annotation.WebServlet;
import javax.servlet.http.HttpServlet;
import javax.servlet.http.HttpServletRequest;
import javax.servlet.http.HttpServletResponse;

@WebServlet("/helloServlet")
public class HelloServlet extends HttpServlet {

    public void doGet(HttpServletRequest request, HttpServletResponse response) throws ServletException, IOException {

        response.setContentType("text/html");
        PrintWriter out = response.getWriter();
        out.println("<!DOCTYPE HTML PUBLIC \"-//W3C//DTD HTML 4.01 Transitional//EN\">");
        out.println("<HTML>");
        out.println("  <HEAD><TITLE>A Servlet</TITLE></HEAD>");
        out.println("  <BODY>");
        out.println("Hello Servlet 3");
        out.println("  </BODY>");
        out.println("</HTML>");
        out.flush();
        out.close();
    }

    public void doPost(HttpServletRequest request, HttpServletResponse response) throws ServletException, IOException {

        doGet(request,response);
    }
}
```

可以看到只需要用@WebServlet("/helloServlet")的注解，无须在 web.xml 中定义和配置即可直接在浏览器中访问。

除了@WebServlet 的 Servlet 注解之外，还有用于过滤器的@WebFilter 和用于监听器的@WebListener，大家可以自行查找资料来深入学习。

本章总结

本章先介绍了 JSP 的核心对象和它们的主要方法,又介绍了 Servlet 的基本使用和 Servlet 的生命周期,最后介绍了 JSP 和 Servlet 之间的深层关系。下一章将会向大家介绍表示层的 JSP 标准标签库和表达式语言的使用方法。

练习题

简答题

1. Servlet 的生命周期分为哪几个阶段?
2. Servlet 和 JSP 哪个更适合开发前端页面?哪个更适合开发业务逻辑?
3. 使用注解的方式改写本书中介绍的登录案例。

JSP 标准标签库（EL 和 JSTL）

JSP 表达式语言使得访问存储在 JavaBean 中的数据变得非常简单。

之前 JSP 输出 Java 类变量或常量的值信息到客户端有两种方式：一种是使用 JSP 的内置对象——out 对象；另一种是使用 JSP 的输出表示式<%= %>。但是深入使用后发现其中存在不便之处。

例如，有一个部门类 Depart，其属性如下。

```
public class Depart {
    private int dno;                    // 部门编号
    private String dname;               // 部门名称
    private String location;            // 部门所在地址
    public String getDname() {
        return dname;
    }
    //省略其他属性的 getter/setter 方法和构造方法
}
public class Emp   {
    private Depart dept;                // 部门对象，多对一的关系
    private Integer empno;              // 员工编号
    public Dept getDept() {
        return this.dept;
    }
    //省略其他属性的 getter/setter 方法和构造方法
}
```

如果在页面中要显示一个员工对象 emp 所在的部门名称，则必须使用<%=emp.getDept().getDname()%>这种方式才能完成。怎样才能用更简洁的方式达到目的？JSP 标准委员会的成员们当然考虑到了。

这就是使用表达式语言（Expression Language，EL）和 JSP 标准标签库（JSP Standard Jag Library，JSTL）来达到简化 JSP 页面的输出和控制的目的。它们的终极目标是在一个 JSP 页面

中尽可能地不使用 Java 代码。

EL 语法很简单，使用方便。

接下来介绍 EL 主要的语法结构。

EL 语法如下：

${ emp.dept.dname }

所有 EL 都是以美元符号 $为起点，配合一对大括号{}，内部放入用户希望输入的变量或常量组成的。

如果该 emp 对象存放在 session 中，则可使用传统的 JSP 经过如下形式的转换过程。

<%
    Emp emp=(Emp)session.getAttribute("emp");
%>

而使用 EL 可以直接完成从内置对象中取值输出的过程。

${ sessionScope.emp.dept.dname }

两相比较之下，EL 的语法比传统 JSP 和表达式更为方便、简洁。

EL 提供了 . 和[ ]两种运算符来导航数据。下列两者所代表的意思是一样的：

${sessionScope.user.sex}等价于${sessionScope.user["sex"]}

.和[ ]符号也可以同时混合使用，如下：

${sessionScope.emps[0].empno}

其回传结果为 emps 数组中第 1 个员工的编号。

但在以下两种情况中，两者会有所差异。

（1）当要存取的属性名称中包含一些特殊字符，如.或–等并非字母或数字的符号时，就一定要使用[ ]，如${user.My-Name }是不正确的方式，应当改为${user["My-Name"]}。

（2）来考虑下列情况：

${sessionScope.user[data]}

此时，data 是一个变量，假若 data 的值为"sex"，则上述的例子等于

${sessionScope.user.sex};

假若 data 的值为"name"，它就等于${sessionScope.user.name}。因此，当要动态取值时，就可以用上述的方法来实现，但 .运算符无法做到动态取值。

3.1 EL 内置对象

EL 存取变量数据的方法很简单，如${username}。它的意思是取出某一范围中名称为 username 的变量。因为这里并没有指定哪一个范围的 username，所以它的默认值会先从 Page 范围内查找，假如找不到，再依次到 request、session、application 范围中查找。假如当中任何一个范围内找到 username，则直接回传，不再继续找下去，假如全部的范围都没有找到，则回传 null，当然 EL，还会做出优化，页面上显示空白，而不是输出 NULL。表 3-1 是 JSP 中内置对

象和 EL 内置对象的对应关系。

表 3-1　JSP 内置对象和 EL 内置对象的对应关系

属性范围（JSP 内置对象名称）	EL 中的相应名称
page	pageScope
request	requestScope
session	sessionScope
application	applicationScope

也可以指定要取出哪一个范围的变量，如表 3-2 所示。

表 3-2　指定要取出变量的范围

范　　例	说　　明
${pageScope.uname}	取出 page 范围内的 uname 变量
${requestScope.uname}	取出 request 范围内的 uname 变量
${sessionScope.uname}	取出 session 范围内的 uname 变量
${applicationScope.uname}	取出 application 范围内的 uname 变量

JSP 有 9 个隐含对象，而 EL 也有自己的隐含对象。EL 隐含对象总共有 11 个，表 3-3 为 EL 隐含对象。其中，pageContext 对象是与 JSP 的 pageContext 对等的。

表 3-3　EL 的隐含对象

隐 含 对 象	说　　明
pageContext	javax.servlet.ServletContext，表示此 JSP 的 pageContext
pageScope	取得 page 范围内的属性名称所对应的值
requestScope	取得 request 范围内的属性名称所对应的值
sessionScope	取得 session 范围内的属性名称所对应的值
applicationScope	取得 application 范围内的属性名称所对应的值
param	同 request.getParameter(String name)。回传 String 类型的值
paramValues	同 request.getParameterValues(String name)。回传 String[]类型的值
header	同 request.getHeader(String name)。返回 String 类型的值
headerValues	同 request.getHeaders(String name)。返回 String[]类型的值
cookie	同 request.getCookies()
initParam	同 request.getInitParameter(String name)。返回 String 类型的值

表 3-4 中是 EL 的样例。此例可以在 Tomcat 自带的例子中找到。

表 3-4　样例

EL	运 行 结 果
${1}	1
${1 + 2}	3
${1.2 + 2.3}	3.5

续表

EL	运行结果
${1.2E4 + 1.4}	12001.4
${-4 - 2}	-6
${21 * 2}	42
${3/4}	0.75
${3 div 4}	0.75
${3/0}	Infinity
${10%4}	2
${10 mod 4}	2
${(1==2) ? 3 : 4}	4

比较运算符的例子如表 3-5 所示。

表 3-5 比较运算符的例子

EL	结果
${1 < 2}	true
${1 lt 2}	true
${1 > (4/2)}	false
${1 > (4/2)}	false
${4.0 >= 3}	true
${4.0 ge 3}	true
${4 <= 3}	false
${4 le 3}	false
${100.0 == 100}	true
${100.0 eq 100}	true
${(10*10) != 100}	false
${(10*10) ne 100}	false

其中，<和 lt 是等价的。详细的说明如下。

1）Less-than (< or lt)：小于。

2）Greater-than (> or gt)：大于。

3）Less-than-or-equal (<= or le)：小于等于 。

4）Greater-than-or-equal (>= or ge)：大于等于。

5）Equal (== or eq)：等于。

6）Not Equal (!= or ne)：不等。

当然，EL 的主要作用在于简化输出，如果有循环和条件判断等还必须要使用 JSP 来实现，所以要借助于 JSP 标签库技术来替代 JSP 脚本元素。

3.2 JSP 标准标签库

JSP 定制标签由 Web 服务器端一个特殊的 Java 类来处理，该类称为 Tag Handler（标签处理器）。Sun 公司定制了一套常用的标签库，称为 JSP 标准标签库。在 MyEclipse 中如果创建的是 J2EE 1.4 项目，则要手动添加 JSTL 的 JAR 包。方法如图 3-1 所示。

图 3-1　向 J2EE1.4 项目中添加 JSTL

在 Java EE 5.0 中，JSTL 已成为标准的一部分，无须再额外添加。JSTL 标签库包含 5 个部分，其中核心标签库和函数标签库使用最频繁。接下来详细介绍这 2 个标签库。

3.2.1 核心标签库

要使用核心标签库必须在 JSP 页面中导入核心标签库，方法如下：

`<%@ taglib uri="http://java.sun.com/jsp/jstl/core" prefix="c"%>`

JSTL 核心标签库标签共有 13 个，在功能上分为以下 4 类。
1）表达式控制标签：out、set、remove、catch。
2）流程控制标签：if、choose、when、otherwise。
3）循环标签：forEach、forTokens。
4）URL 操作标签：import、url、redirect。
我们可以先从循环标签来体验标签库的强大之处。
程序清单：cforeach.jsp。

```
<%@ page contentType="text/html;charset=utf-8"%>
<%@ taglib prefix="c" uri="http://java.sun.com/jsp/jstl/core"%>
<html>
  <head>
    <title>JSTL: -- forEach 标签实例</title>
  </head>
  <body>
```

```
            <%
                List cityList=new ArrayList();
                cityList.add("北京");
                cityList.add("上海");
                cityList.add("广州");
                cityList.add("深圳");
                request.setAttribute("cityList",cityList);
            %>
                输出城市列表：<br />
                    <c:forEach var="city" items="${cityList}">
                        ${city}<br />
                    </c:forEach>
        </body>
</html>
```

以上程序首先使用小脚本在 JSP 的 request 域中保存了一个 ArrayList 集合对象。此对象中包含了 4 个城市名称。

如果使用传统的小脚本的形式，那么页面中应该使用如下形式来输出：

```
<%
    List clist= (List)request.getAttribute("cityList");
            for(int i=0;i<clist.size();i++){
                        out.println(clist.get(i)+"<br/>");
            }
%>
```

将以上代码和 cforeach.jsp 对比，显然，使用 EL+JSTL 可以很好地简化代码。

下面来依次介绍 JSTL 中的核心标签库的用法。

1. <c:out>

其用来显示数据对象（字符串、表达式）的内容或结果。使用 Java 脚本的方式为<% out.println("hello") %>或者<% =表达式%>。

使用 JSTL 标签<c:out value="字符串">，例如：

```
<body>
    <c:out value="hello" />
</body>
```

此标签的作用似乎不大，因为输出完全用 EL 来完成。但是<c:out>提供了 2 个标签属性作为参数，可以完成默认值和对特殊字符进行转义的功能。

2. <c:set>

其用于将变量存取于 JSP 范围中或 JavaBean 属性中。示例如下，先定义 User.java 类。

程序清单：User.java。

```
package org.newboy.news.bean;
public class User {
    private String uid;
    private String uname;
    private String upwd;
```

//省略 getter/setter 方法
}

再在 cset.jsp 中使用 set 标签。

程序清单：cset.jsp。

```
<%@ page language="java" import="java.util.*" pageEncoding="UTF-8"%>
<%@ page import="org.newboy.news.bean.User" %>
<%@ taglib uri="http://java.sun.com/jsp/jstl/core" prefix="c"%>
<html>
  <head> <title>c set 标签例子</title> </head>
  <body>
    <%
    User user = new User();
    request.setAttribute("user", user);
    %>
    <c:set target="${user}" property="uname" value="jack"/>
    用户名：<c:out value="${user.uname}" default="无用户名"></c:out>
  </body></html>
```

在浏览器中显示的结果如图 3-2 所示。

`<c:set target="${user}" property="uname" value="jack"/>`

这条语句就是将名为 user 的对象的 uname 属性赋值为"jack"。

3. <c:remove>

其主要用来从指定的 JSP 范围内移除指定的变量。使用方法与前面的标签类似，下面只给出其语法结构：

`<c:remove var="变量名" [scope="page|request|session|application"]></c:remove>`

以下是 set 标签和 remove 标签的使用例子。

图 3-2　c:set 标签的运行结果

```
<%@ page language="java" import="java.util.*" pageEncoding="UTF-8"%>
<%@ taglib uri="http://java.sun.com/jsp/jstl/core" prefix="c"%>
<html>
  <head> <title>使用 JSTL 设置变量</title> </head>
  <body>
    <!-- 设置之前应该是空值 -->
    <!-- 设置变量之前的值是-->
    msg=<c:out value="${msg}" default="null"/><br>
```

```
    <!-- 给变量 msg 赋值 -->
    <c:set var="msg" value="Hello ACCP!" scope="page"></c:set>
    <!-- 此时 msg 的值应该是上面设置的"已经不是空值了" -->
    <!-- 设置新值以后-->
    msg=<c:out value="${msg}"></c:out><br>
    <!-- 把 msg 变量从 page 范围内移除-->
    <c:remove var="msg" scope="page"/>
    <!-- 此时 msg 的值应该显示 null -->
    <!-- 移除变量 msg 以后--> msg=<c:out value="${msg}" default="null"></c:out>
  </body>
</html>
```

4. <c:catch>

其用来处理 JSP 页面中产生的异常，并存储异常信息。

<c:catch var="name1">

容易产生异常的代码：

</c:catch>

如果抛出异常，则异常信息保存在变量 name1 中。

5. <c:if>

<c:if test="条件 1" var="name"
[scope="page|request|session|application"]>

内容：

</c:if>

其中，var 是将 test 的结果布尔值真或假保存在 var 变量中。
如果 test 判断条件的结果为真，则执行标签体的内容，否则不执行。

程序清单：cif.jsp。

```
  <body>
    <c:if test="${1 lt 2}"  var="result1">
    hello
    </c:if>
    <c:if test="${2 lt 1}" var="result2">
    bye
    </c:if>
    <c:if test="${10 eq 2*5}" var="result3">
    10 等于 2*5
    </c:if>
    <hr>
    结果 1:${result1} <BR>
    结果 2：${result2 }<BR>
    结果 3:${result3 }<BR>
  </body>
```

运行结果如图 3-3 所示。

图 3-3 运行结果

6. <c:choose> <c:when> <c:otherwise>

其类似于 Java 程序中的 switch-case 的多分支选择结构。三个标签通常嵌套使用，第一个标签在最外层，最后一个标签在嵌套中只能使用一次。

例如，cchoose.jsp：

```jsp
<body>
        <% session.setAttribute("score", 70); %>
        <c:choose>
            <c:when test="${score>60}">
                及格
            </c:when>
            <c:when test="${score<60}">
                不及格
            </c:when>
            <c:otherwise>
                踩线
            </c:otherwise>
        </c:choose>
    </body>
```

最后输出的结果为"及格"。

7. <c:forEach>

语法：

```jsp
<c:forEach var="name" items="Collection" varStatus="statusName" begin="begin" end="end" step="step"></c:forEach>
```

该标签根据循环条件遍历集合 Collection 中的元素。var 用于存储从集合中取出的元素；items 指定要遍历的集合；varStatus 用于存放集合中元素的信息。varStatus 一共有 4 种状态属性，下面以例子来说明。

先定义 Student.java：

```java
package org.newboy.news.bean;
public class Student {
    private String sname;
    private int age;
//省略 getter/setter 方法
    }
```

程序清单:cforeach2.jsp。

```
<%
//模拟在 Servlet 中放入值
List list = new ArrayList();
Student s1 = new Student("jack", 20);
Student s2 = new Student("rose", 18);
Student s3 = new Student("marry", 19);
list.add(s1);
list.add(s2);
list.add(s3);
session.setAttribute("stulist", list);
%>
  <c:forEach var="s" items="${stulist}" begin="0" end="2" step="1">
    ${s.sname }:${s.age }<br />
  </c:forEach>
    </body>
```

此 forEach 和开始处 cforeach.jsp 的不同在于,前者使用了 begin 属性、end 属性以及 step 属性,分别代表集合的起始位置、结束位置和类似索引下标每次增长的步长。

forEach 遍历的结果如图 3-4 所示。

图 3-4 forEach 遍历结果

如果遍历的集合是一个 Map,那么应该采用如下方式,例子见程序清单 foreachMap.jsp。

程序清单:foreachMap.jsp。

```
<body>
    <%
        Map map = new HashMap();
        map.put("jack", "杰克");
        map.put("rose", "罗斯");
        session.setAttribute("stumap", map);
    %>
    <c:forEach var="stu" items="${sessionScope.stumap}">
    ${stu.key }:${stu.value }<br />
    </c:forEach>
</body>
```

8. <c:forTokens>

其用于浏览字符串,并根据指定的字符串截取字符串。

语法：

<c:forTokens items="stringOfTokens" delims="delimiters" [var="name" begin="begin" end="end" step="len" varStatus="statusName"]></c:forTokens>

示例如下：

<c:forTokens items="135-1811-1809" delims="-" var="t">
　　　　<c:out value="${t}"></c:out>
</c:forTokens>

其运行结果如图 3-5 所示，可以看出它的功能类似于 JDK 中 String 类的 split()方法，即将一个字符串根据指定的分隔符分解成若干个子串。以上介绍的是核心标签库的常用标签。

图 3-5　forTokens 结果

3.2.2　函数标签

要使用函数标签，首先要导入函数标签库。

语法：

<%@ taglib uri="http://java.sun.com/jsp/jstl/functions" prefix="fn" %>

以下的例子都必须要在页首引入这个函数标签库才能执行。

注意，函数标签的用法都是以 fn:冒号开始的，有别于核心标签库的用法。

1. 长度函数 fn:length

在页面中经常需要求出集合中元素的个数，可是 java.util.Collection 接口定义的 size 方法却不是一个标准的 JavaBean 属性方法（没有 get/set 方法），因此无法通过 EL "${collection.size}" 来获取，所以要用 fn:length 函数来解决这个问题。

例子如下。

程序清单：fnlength.jsp。

```
<%@ page language="java" import="java.util.*" pageEncoding="utf-8"%>
<%@taglib uri="http://java.sun.com/jsp/jstl/functions" prefix="fn"%>
<html>
    <head><title>fn:length 用法</title></head>
    <body>
        <%
            List list = new ArrayList();
            list.add("beijing");
            list.add("guangzhou");
```

```
                list.add("shanghai");
                session.setAttribute("list", list);
         %>
            list 的元素个数 ：${ fn:length(list)}
    </body>
</html>
```

显示结果为：

list 的元素个数：3

下面介绍的 fn 函数都是字符串处理函数。它们都可以在 String 类中找到相似功能的方法。

2. 判断函数 fn:contains

fn:contains 函数用来判断源字符串是否包含子字符串。它包括 string 和 substring 两个参数，它们都是 String 类型的，分布表示源字符串和子字符串。其返回结果为一个 boolean 类型的值。下面来看一个示例：

```
${fn:contains("ABC", "a")}
${fn:contains("ABC", "A")}
```

前者返回"false"，后者返回"true"。

3. fn:containsIgnoreCase 函数

fn:containsIgnoreCase 函数与 fn:contains 函数的功能差不多，唯一的区别是 fn:containsIgnoreCase 函数对于子字符串的包含比较将忽略大小写。它与 fn:contains 函数相同，包括 string 和 substring 两个参数，并返回一个 boolean 类型的值。

下面来看一个示例：

```
${fn:containsIgnoreCase("ABC", "a")}
${fn:containsIgnoreCase("ABC", "A")}
```

前者和后者都会返回"true"。

4. 词头判断函数 fn:startsWith

fn:startsWith 函数用来判断源字符串是否符合一连串的特定词头。它除了包含一个 string 参数以外，还包含一个 subffx 参数，表示词头字符串，同样是 String 类型。该函数返回一个 boolean 类型的值。

下面来看一个示例：

```
${fn:startsWith ("ABC", "ab")}
${fn:startsWith ("ABC", "AB")}
```

前者返回"false"，后者返回"true"。

5. 词尾判断函数 fn:endsWith

fn:endsWith 函数用来判断源字符串是否符合一连串的特定词尾。它与 fn:startsWith 函数相同，包括 string 和 subffx 两个参数，并返回一个 boolean 类型的值。

下面来看一个示例：

```
${fn:endsWith("ABC", "bc")}
${fn:endsWith("ABC", "BC")}
```

前者返回"false",后者返回"true"。

6. 字符匹配函数 fn:indexOf

fn:indexOf 函数用于取得子字符串与源字符串匹配的开始位置,若子字符串与源字符串中的内容没有匹配成功,则将返回"-1"。它包括 string 和 substring 两个参数,返回结果为 int 类型。

下面来看一个示例:

```
${fn:indexOf("ABCD","aBC")}
${fn:indexOf("ABCD","BC")}
```

前者由于没有匹配成功,所以返回-1;后者匹配成功,将返回位置的下标,即 1。

7. 分隔符函数 fn:join

fn:join 函数允许为一个字符串数组中的每一个字符串加上分隔符,并连接起来。

下面来看一个示例:

```
<%
    String[] names = { "jack", "rose", "mary" };
    session.setAttribute("names", names);
%>
${fn:join(names,"-") }
```

定义数组并放置到 Session 中,然后通过 Session 得到该字符串数组,使用 fn:join 函数并传入分隔符",",得到的结果为"jack;rose;mary"。

8. 替换函数 fn:replace

fn:replace 函数允许为源字符串做替换。

下面来看一个示例:

```
${fn:replace("ABC","A","B")}
```

其作用是将"ABC"字符串替换为"BBC",在"ABC"字符串中用"B"替换了"A"。

9. 分隔符转换数组函数 fn:split

fn:split 函数用于将一组由分隔符分隔的字符串转换成字符串数组。

下面来看一个示例:

```
${fn:split("A,B,C",",")}
```

其作用是将"A,B,C"字符串转换为数组{A,B,C}。

10. 字符串截取函数 fn:substring

fn:substring 函数用于截取字符串。它的功能类似于 String 类的 substring()。

下面来看一个示例:

```
${fn:substring("ABC","1","2")}
```

其截取结果为"B"。

11. 空格删除函数 fn:trim

fn:trim 函数将删除源字符串中结尾部分的"空格"以产生一个新的字符串。它只有一个 String 参数,并返回一个 String 类型的值。

下面来看一个示例:

${fn:trim("AB C")}D

其转换的结果为"AB CD"。注意，它将只删除词尾的空格而不是全部，因此" B "和" C "之间仍然留有一个空格。

3.3 MVC 架构模式

MVC 架构模式是一种使用模型-视图-控制器（Model View Controller，MVC）设计创建 Web 应用程序的模式。

1) Model（模型）表示应用程序核心（如数据库记录列表）。

2) View（视图）显示数据（数据库记录）。

3) Controller（控制器）处理输入（写入数据库记录）。

MVC 应用程序被分成三个核心部件：模型、视图、控制器。它们各自处理自己的任务。最典型的 MVC 模式就是 JSP + Servlet+ JavaBean 的模式。

本章总结

本章介绍了 EL 和 JSP 标签库中的核心标签库和函数标签库。它们都是用来在 JSP 页面中取代小脚本的技术。在下一章中将会介绍 JDBC 和过滤器。

练习题

简答题

1. EL 的主要作用是什么？

2. 请使用 JSP+Servlet+EL+JSTL 完成如下功能。员工信息有 3 条数据，数据用 List 在后台存放。

第4章 JDBC 与过滤器

本章中将会介绍数据访问层的工具,学会如何通过 Java 语言来访问数据库。

4.1 JDBC 快速上手

Java 中访问数据库离不开 Java 数据库连接,(Java Data base Connectivity,JDBC)。JDBC 提供独立于数据库的统一 API,用于执行 SQL 命令。在 Sun Java JDBC 的模块中,JDBC 1.0 的操作都放在 java.sql.*包中。后期发布的 JDBC 2.0,增加了 javax.sql.*包。

API 常用的类和接口如下。

1. DriverManager 类

这是管理 JDBC 驱动的服务类,主要通过它获取 Connection 数据库连接,常用方法如下:

Connection getConnection(String url, String user, String password)

该方法获得 url 对应的数据库的连接。

2. Connection 接口

常用数据库操作方法如下:

Statement createStatement:

该方法返回一个 Statement 对象。

PreparedStatement prepareStatement(String sql)

该方法返回预编译的 Statement 对象,即将 SQL 语句提交到数据库中进行预编译。

CallableStatement prepareCall(String sql)

该方法返回 CallableStatement 对象,该对象用于存储过程的调用。

上面的三个方法都是返回执行 SQL 语句的 Statement 对象,PreparedStatement、CallableStatement 的对象是 Statement 的子类,只有获得 Statement 之后才可以执行 SQL 语句。

Statement 用于执行 SQL 语句的 API 接口,该对象可以执行 DDL、DCL 语句,也可以执行 DML 语句,还可以执行 SQL 语句,当执行的查询语句是返回结果集时,主要方法如下:

ResultSet executeQuery(String sql)

该方法用于执行查询语句,并返回查询结果对应的 ResultSet 对象,该方法只用于查询语句。

int executeUpdate(String sql):该方法用于执行 DML 语句,并返回受影响的行数;该方法也可以执行 DDL 语句,返回 0。

JDBC 使用的步骤如下所示。

1)注册数据库驱动。
2)加载驱动。
3)建立数据库连接。
4)创建一个 Statement。
5)执行 SQL 语句。
6)处理结果集。
7)关闭数据库连接。

接下来使用 JDBC 对部门表进行"增删改查"的操作。

详细的步骤如下:

步骤 1:加载对应的数据库的驱动,虽然 JDBC 刚发布时使用 ODBC-JDBC 桥连接的方式,但是在生产环境中,首推使用数据库厂商提供的 JDBC 驱动程序来和 Java 进行交互。所以要下载 MySQL 的对应的 JDBC 驱动类。

此驱动可以在 MySQL 的官网下载。MySQL 官网地址为 www.mysql.com,而开发版的 MySQL 驱动链接地址为 https://dev.mysql.com/downloads/connector/。

MySQL 为不同语言开发的开发者提供了驱动,如 Java、.NET、PHP 等,开发时要选对语言版本。

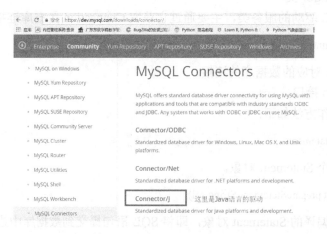

图 4-1 MySQL 的 Java 驱动

打开链接后进入如图 4-1 所示的画面,可以下载 GZ 格式的版本或 ZIP 格式的版本,任选一个即可。

截止到 2018 年 4 月,它的版本为 5.1.45,如图 4-2 所示。

第4章 JDBC与过滤器

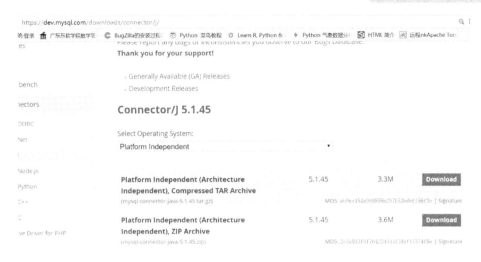

图 4-2 驱动包下载页面

下载完成后解压缩。它被厂商压缩成了 Java 的标准压缩格式，名为 mysql-connector-java-5.14.45-bin.jar。数字是它的版本号，会随着版本升级而变化。

将此文件导入到 Java 项目中，为了简化导入文件的过程，读者可以使用 MyEclipse 建立一个 Java Web 工程,然后直接将所需要的 JAR 包复制到此 Web 工程的 WebRoot--> WEB-INF-->lib 文件夹下，MyEclipse 会自动完成 JAR 包的配置。

步骤2：加载驱动类，其一般方法如下。

Class.forName("驱动类名");

对于 MySQL 数据库的驱动类，加载的方式为

Class.forName("com.mysql.jdbc.Driver");

步骤3：得到 Connection 对象。
方法如下：

Connection con=DriverManager.getConnection(String url, String user, String pass)

使用 DriverManager 来获取链接，需要传入三个参数，分别是数据库的 url、用户名、密码。
在连接 MySQL 数据库的情形下，url 为

jdbc:mysql://localhost:3306/mydb

其中,mydb 为数据库的名称，localhost:3306 分别为数据库的 IP 地址和端口号。

步骤4：通过 Connection 对象得到语句对象。

Statement stmt=conn.createStatement();

步骤5：通过 Statement 语句对象来执行 SQL 语句。
例如，执行一个添加记录的操作：

String sql = "insert into DEPT(DEPTNO,DNAME,LOC)values(100,'开发部','广州')";
int row = stmt.executeUpdate(sql);

而执行一个查询操作会稍微复杂一些，必须要通过 ResultSet 对象来处理数据库返回的结

果。示例如下：

```java
String sql = "select DEPTNO,DNAME,LOC from DEPT";
    ResultSet rs = stmt.executeQuery(sql);
        while (rs.next()) {
            int dno = rs.getInt("deptno");
            String dname = rs.getString("dname");
            String loc = rs.getString("loc");
            System.out.println("部门编号：" + dno + ", 部门名称：" + dname+ ", 部门所在地区：" + loc);
        }
```

步骤6：关闭Statement语句对象和Connection对象。
注意关闭顺序，先打开的后关闭。

```java
rs.close();              //如果是SQL查询语句，则有返回结果
stmt.close();
conn.close();
```

以上就是一个完整的JDBC执行过程。
以下程序向DEPT表添加一条记录，并查询所有部门信息。
注意：请读者参考电子资料中的完整版项目代码。

```java
package com.newboy.ch4;
package org.newboy.ch4;

import java.sql.DriverManager;
import java.sql.Connection;
import java.sql.ResultSet;
import java.sql.Statement;
import java.sql.SQLException;

public class JdbcDemo {
    // 连接数据库服务器的地址
    final static String URL = "jdbc:mysql://localhost:3306/mydb";
    final static String DRIVER_CLASS = "com.mysql.jdbc.Driver";
    final static String UNAME = "root";
    final static String UPASS = "123456";

    /**
     * @param args
     * @throws SQLException
     */
    public static void main(String[] args) {
        executeInsert();        // 执行插入数据操作
        executeQuery();         // 执行查询操作
    }

    /**
```

```java
 * 执行添加功能
 */
public static void executeInsert() {
    Connection conn = null;
    Statement stmt = null;
    try {

            Class.forName(DRIVER_CLASS);
            conn = DriverManager.getConnection(URL, UNAME, UPASS);
            stmt = conn.createStatement();
            String sql = "insert into DEPT(DEPTNO,DNAME,LOC)values(100,'研发部','广州')";
            int row = stmt.executeUpdate(sql);
            if (row > 0) {
                System.out.println("插入成功");
            } else {
                System.out.println("插入失败。");
            }
    } catch (ClassNotFoundException e) {
        e.printStackTrace();
    } catch (SQLException e) {
        e.printStackTrace();
    } finally {
        try {
            stmt.close();
            conn.close();
        } catch (SQLException e) {
            e.printStackTrace();
        }
    }
}

/**
 * 执行查询的方法
 */
public static void executeQuery() {
    Connection conn = null;
    Statement stmt = null;
    ResultSet rs = null;
    try {
            Class.forName(DRIVER_CLASS);
            conn = DriverManager.getConnection(URL, UNAME, UPASS);
            stmt = conn.createStatement();
            String sql = "select DEPTNO,DNAME,LOC from DEPT";
            rs = stmt.executeQuery(sql);
            while (rs.next()) {
                int dno = rs.getInt("deptno"); //
                String dname = rs.getString("dname");
                String loc = rs.getString("loc");
```

```
                System.out.println("部门编号:" + dno + ", 部门名称: " + dname + ", 所在位置: " + loc);
            }
        } catch (ClassNotFoundException e) {
            e.printStackTrace();
        } catch (SQLException e) {
            e.printStackTrace();
        } finally {
            try {
                rs.close();
                stmt.close();
                conn.close();
            } catch (SQLException e) {
                e.printStackTrace();
            }
        }
    }
}
```

以上的程序演示了如何使用 Statement 来完成查询和插入功能。

4.2　JDBC 进阶

本节主要讲解 PreparedStatement 接口。

由于 Statement 接口有 SQL 语句注入的风险，所以一般情况下会用 PreparedStatement 接口来取代它。

该 PreparedStatement 接口继承于 Statement，并与以下之在两方面有所不同。

PreparedStatement 实例包含已编译的 SQL 语句。这就是使语句"准备好"。包含于 PreparedStatement 对象中的 SQL 语句可具有一个或多个 IN 参数。IN 参数的值在 SQL 语句创建时未被指定。相反的，该语句为每个 IN 参数保留一个问号（？）作为占位符。每个问号的值必须在该语句执行之前，通过适当的 setXXX 方法来提供。

由于 PreparedStatement 对象已预编译过，所以其执行速度要快于 Statement 对象。因此，多次执行的 SQL 语句经常创建为 PreparedStatement 对象，以提高效率。

作为 Statement 的子类，PreparedStatement 继承了 Statement 的所有功能。另外，它还添加了一整套方法，用于设置发送给数据库以取代 IN 参数占位符的值。同时，三种方法——execute、executeQuery 和 executeUpdate 已被更改以使之不再需要参数。这些方法的 Statement 形式（接收 SQL 语句参数的形式）不应该用于 PreparedStatement 对象。

在真实的开发中，为了减少代码的重复，会将一些多次使用的代码片段重构成父类或方法。在 JDBC 中，也有很多重复性的代码，如 Connection 对象的创建、Statement 对象和 ResultSet 对象的创建，都要多次出现，所以可将这些功能代码封装在一个父类 BaseDao 中，代码清单见 BaseDao.java。

程序清单：BaseDao.java。

```
package org.newboy.ch1;
```

```java
import java.sql.Connection;
import java.sql.DriverManager;
import java.sql.PreparedStatement;
import java.sql.ResultSet;
import java.sql.SQLException;
import java.sql.Statement;

public class BaseDao {
    //这里附加了额外的参数,用来指定数据传输的编码格式
    private final static String URL = "jdbc:mysql://localhost:3306/mydb?useUnicode=true&characterEncoding=utf-8";
    private final static String DRIVER_CLASS = "com.mysql.jdbc.Driver";
    private final static String UNAME = "root";
    private final static String UPASS = "123456";
    protected Connection con;
    protected PreparedStatement ps;
    protected ResultSet rs;

    // 1.取得数据连接  @return Connection
    public Connection getCon() {
        try {
            Class.forName(DRIVER_CLASS);
            con = DriverManager.getConnection(URL, UNAME, UPASS);
        } catch (ClassNotFoundException e) {
            e.printStackTrace();
        } catch (SQLException e) {
            e.printStackTrace();
        }
        return con;
    }

    // 2.关闭数据连接相关对象
    public static void closeAll(ResultSet rs, Statement st, Connection con) {

        try {
            if (rs != null)
                rs.close();
            if (st != null)
                st.close();
            if (con != null)
                con.close();
        } catch (SQLException e) {
            e.printStackTrace();
        }
    }

    /**
     * 3.执行增、删、改操作
```

```java
    */
    public int executeSQL(String sql, Object[] param) {
        int rows = 0;
        try {
            con = getCon();
            ps = con.prepareStatement(sql);
            if (param != null) {
                for (int i = 0; i < param.length; i++) {
                    // 数据库兼容其他类型转为 string 型
                    ps.setString(i + 1, param[i].toString());
                }
            }
            rows = ps.executeUpdate();
        } catch (SQLException e) {
            e.printStackTrace();
        } finally {
            closeAll(null, ps, con);
        }
        return rows;
    }
}
```

在此系统中,只有登录后,用户才能进行相关操作。这里新建一张用户表,用户表定义如下:

```sql
CREATE TABLE tbl_user(
    userid INT PRIMARY KEY,
    uname VARCHAR(10),
    upassword VARCHAR(16)
) ENGINE=INNODB;

--插入 2 行测试数据
 insert into tbl_user(userid,uname,upassword)
     values(1,'jack','abcdef');
 insert into tbl_user(userid,uname,upassword)
     values(2,'rose','abcdef');
```

提醒:在实际开发中,用户密码千万不能使用明文存放在数据库中,应该使用加密算法,即将其加密后再存放,如使用 MD5 加密算法进行加密。

在程序中,首先定义一个对象的实体对象 User 类。

程序清单:User.java。

```java
public class User {
    private String uid;
    private String uname;      //用户名
    private String upwd;       //用户密码
    //省略 getter/setter 方法和构造函数
}
```

其次，定义一个 user 对应表的数据访问对象 UserDao.java 的接口。

```java
public interface UserDao {
    public User getUserByNamepwd(String uname,String passwd);
    public int saveUser(User user);
}
```

再次，定义此接口的实现类——UserDaoImpl 类。

程序清单：User Dao Impl.java。

```java
public class UserDaoImpl extends BaseDao implements UserDao {
    // 根据用户名和密码查询对应的用户信息，主要用于登录
    public User getUserByNamepwd(String uname, String passwd) {
        User user = null;
        String sql = "select * from tbl_user where uname=? and upassword=?";
        con = super.getCon();
        try {
            ps = super.con.prepareStatement(sql);
            ps.setString(1, uname);
            ps.setString(2, passwd);
            super.rs = ps.executeQuery();
            if (rs.next()) {
                user = new User(uname, passwd);
                user.setUid(rs.getString("userid"));
            }
        } catch (SQLException e) {
            e.printStackTrace();
        } finally {
            super.closeAll(rs, ps, con);
        }
        return user;
    }
    public int saveUser(User user) {
        // TODO 暂未实现添加用户功能
        return 0;
    }
}
```

最后，编写一个测试类 UserDaoImplTest，来验证此 getUserByNamepwd(String,String)方法。

```java
public class UserDaoImplTest {
    public static void main(String[] args) {
        UserDao userdao =new UserDaoImpl();
        User u=userdao.getUserByNamepwd("rose", "abcdef");
        U System.out.println("uid:"+u.getUid());
    }
}
```

输出结果：

uid:2

如果能看到以上结果，则说明 JDBC 操作和配置到此初步成功。

下面来完成对部门表的查询。

程序清单：DepartDaoImpl.java。

```java
package org.newboy.ch1.dao;
public class DepartDaoImpl extends BaseDao implements DepartDao {
    public List<Depart> getAllDepart() {
        List<Depart> list =new ArrayList<Depart>();
        String sql="select * from dept";
        con = super.getCon();
        try {
            ps = super.con.prepareStatement(sql);
            super.rs = ps.executeQuery();
            while (rs.next()) {
                int dno =rs.getInt("DEPTNO");
                String dname=rs.getString("dname");
                String location=rs.getString("loc");
                Depart depart =new Depart(dno,dname,location);
                list.add(depart);//将实体封装在集合中
            }
        } catch (SQLException e) {
            e.printStackTrace();
        } finally {
            super.closeAll(rs, ps, con);
        }
        return list;
    }
    //根据id查询某个部门的信息
    public Depart getDepartById(int dno) {
        Depart depart=null;
        String sql="select * from dept where dno=?";
        con = super.getCon();
        try {
            ps = super.con.prepareStatement(sql);
            ps.setInt(1, dno);
            super.rs = ps.executeQuery();
            if (rs.next()) {
                String dname=rs.getString("dname");
                String location=rs.getString("loc");
                depart=new Depart(dno, dname, location);
            }
        } catch (SQLException e) {
            e.printStackTrace();
        } finally {
            super.closeAll(rs, ps, con);
        }
```

```
                return depart;
        }
}
```

再编写一个测试类，对 DepartDaoImpl 的方法进行测试。
程序清单：DepartDaoImplTest.java。

```
public class DepartDaoImplTest {
    public static void main(String[] args) {
        DepartDao departDao =new DepartDaoImpl();
        List<Depart> list=departDao.getAllDepart();
        for (Depart depart : list) {
            //输出所有部门的名称
            System.out.println(depart.getDname());
        }
    }
}
```

输出结果：

```
ACCOUNTING
RESEARCH
SALES
OPERATIONS
```

接下来完成对 Emp 表的 CRUD 操作，方法和步骤同上。难度不大，所以将代码放在电子资料包里，不再在此处展现。

4.3 过滤器

JSP 和 Servlet 中的过滤器（Filter）都是 Java 类。

过滤器可以动态地拦截请求和响应，以变换或使用包含在请求或响应中的信息。

可以将一个或多个过滤器附加到一个 Servlet 或一组 Servlet 中。过滤器也可以附加到 JavaServerPages(JSP)文件和 HTML 页面中。

过滤器是可用于 Servlet 编程的 Java 类，可以实现以下目的。

1）在客户端的请求访问服务器端资源之前，拦截这些请求。

2）在服务器的响应发送回客户端之前，处理这些响应。

根据规范建议的各种类型的过滤器如下。

1）身份验证过滤器（Authentication Filters）。

2）数据压缩过滤器（Data Compression Filters）。

3）加密过滤器（Encryption Filters）。

4）触发资源访问事件过滤器。

5）图像转换过滤器（Image Conversion Filters）。

6）日志记录和审核过滤器（Logging and Auditing Filters）。

过滤器通过 Web 部署描述符（web.xml）中的 XML 标签来声明，然后映射到应用程序的部署描述符中的 Servlet 名称或 URL 模式。

当 Web 容器启动 Web 应用程序时，它会为在部署描述符中声明的每一个过滤器创建一个实例。

Filter 的执行顺序与在 web.xml 配置文件中的配置顺序一致，一般把 Filter 配置在所有的 Servlet 之前。

4.3.1 过滤器方法

过滤器是一个实现了 javax.servlet.Filter 接口的 Java 类。javax.servlet.Filter 接口定义了三个方法，如表 4-1 所示。

表 4-1 过滤器的方法

序号	方法&描述
1	**public void doFilter (ServletRequest, ServletResponse, FilterChain)** 该方法完成实际的过滤操作，当客户端请求方法与过滤器设置匹配的 URL 时，Servlet 容器将先调用过滤器的 doFilter 方法。FilterChain 为用户访问后续过滤器
2	**public void init(FilterConfig filterConfig)** web 应用程序启动时，Web 服务器将创建 Filter 的实例对象，并调用其 init 方法，读取 web.xml 配置，完成对象的初始化功能，从而为后续的用户请求做好拦截的准备工作（Filter 对象只会创建一次，init 方法也只会执行一次）。开发人员通过 init 方法的参数，可获得代表当前 Filter 配置信息的 FilterConfig 对象
3	**public void destroy()** Servlet 容器在销毁过滤器实例前调用该方法，在该方法中释放 Servlet 过滤器占用的资源

4.3.2 FilterConfig 对象的使用

Filter 的 init 方法中提供了一个 FilterConfig 对象。

如 web.xml 文件配置如下：

```
<filter>
  <filter-name>LogFilter</filter-name>
  <filter-class>org.newboy.ch4.LogFilter</filter-class>
  <init-param>
    <param-name>bookname</param-name>
    <param-value>Spring 教程</param-value>
  </init-param>
</filter>
```

在 init 方法中使用 FilterConfig 对象获取参数：

```
public void   init(FilterConfig config) throws ServletException {
    // 获取初始化参数
    String bookname= config.getInitParameter("bookname");
    // 输出初始化参数
    System.out.println("图书名称: " + bookname);
}
```

4.3.3 过滤器实例

以下是 Servlet 过滤器的实例。此实例可使读者对 Servlet 过滤器有基本的了解，用户可以使用相同的概念编写更复杂的过滤器应用程序：

```java
//导入必需的 Java 库
import javax.servlet.*;
import java.util.*;

//实现 Filter 类
public class LogFilter implements Filter   {
    public void   init(FilterConfig config) throws ServletException {
          //这里主要用于初始化资源或获取配置参数
    }
    public void   doFilter(ServletRequest request, ServletResponse response,
     FilterChain chain) throws java.io.IOException, ServletException {
          // 这里是过滤器核心方法

          // 输出信息
          System.out.println("你好，这是 LogFilter 过滤器");
          // 把请求传回过滤器
          chain.doFilter(request,response);
    }

    public void destroy( ){
          /* 在 Filter 实例被 Web 容器从服务移除之前调用 */
    }
}
```

在 web.xml 中配置过滤器：过滤器要想起作用必须要在 web.xml 中配置好。

可以将 LogFilter 过滤器用于在第 2 章中定义的第一个 Servlet——HelloServlet。

首先在 web.xml 中定义过滤器，然后映射到一个 URL 或 Servlet，这与定义 Servlet 并映射到一个 URL 模式的方式大致相同。在部署描述符文件 web.xml 中为 filter 标签创建下面的条目：

```xml
<?xml version="1.0" encoding="UTF-8"?>
<web-app>
<filter>
  <filter-name>LogFilter</filter-name>
  <filter-class>org.newboy.ch4.LogFilter</filter-class>
</filter>
<filter-mapping>
  <filter-name>LogFilter</filter-name>
  <url-pattern>/*</url-pattern>
</filter-mapping>
<servlet>
  <!-- 定义 Servlet -->
  <servlet>
```

```xml
        <servlet-name>HelloServlet</servlet-name>
        <servlet-class>com.newboy.ch2.servlet.HelloServlet</servlet-class>
    </servlet>
<!-- 定义 Servlet 访问的路径 -->
    <servlet-mapping>

        <servlet-name>HelloServlet</servlet-name>

        <url-pattern>/servlet/HelloServlet</url-pattern>

    </servlet-mapping>
</web-app>
```

上述的 LogFilter 过滤器将会对所有的 Servlet 起作用,因为这里已经在配置中指定/*。如果只想在少数的 Servlet 上应用过滤器,则可以指定一个特定的 Servlet 路径。

在浏览器中访问 HelloServlet 时,将会在后台服务器的控制台上看到 LogFilter 中输出的"你好,这是 LogFilter 过滤器"信息。

4.3.4 使用多个过滤器

Web 应用程序可以根据特定的目的定义若干个不同的过滤器。如果定义的两个过滤器名字分别为 *AuthenFilter* 和 *LogFilter*,则需要创建如下所述的映射,其余的处理与上述所讲解的大致相同。

```xml
<filter>
    <filter-name>LogFilter</filter-name>
    <filter-class>org.newboy.ch4.LogFilter</filter-class>
</filter>
<filter>
    <filter-name>AuthenFilter</filter-name>
    <filter-class>rog.newboy.ch4.AuthenFilter</filter-class>
</filter>

<filter-mapping>
    <filter-name>LogFilter</filter-name>
    <url-pattern>/*</url-pattern>
</filter-mapping>

<filter-mapping>
    <filter-name>AuthenFilter</filter-name>
    <url-pattern>/*</url-pattern>
</filter-mapping>
```

这个配置的先后顺序也决定了过滤器运行的先后顺序,先配置的先执行。

常见的过滤器有以下几种。

1)编码过滤器:在过滤器中设置编码格式,避免每个 Servlet 的重复设置。

2)权限验证过滤器:在访问受限资源前先验证用户是否有权限访问,无权用户则直接跳转回首页，不再使用 chain.doFilter(request,response)。

3）日志过滤器：记录用户请求和返回的 URL 信息，用于网络安全和用户行为分析。网站可以通过日志过滤器记录下用户在该网站的一切行为。

过滤器的应用非常重要，本书后面介绍的 Web 框架在很多地方都应用到了过滤器的知识。

本章总结

本章首先介绍了 JDBC 的基本操作，以及使用 JDBC 的一般步骤，又介绍了过滤器的知识点及其使用方法和常见应用。下一章将会介绍第二部分——Spring 框架，学习难度会有所提升，大家要花更多的时间来练习。

练习题

简答题

1．JDBC 的架构和主要 API 有哪些？

2．完成 tbl_User 表的 CRUD。

3．完成如下 JSP 案例。假设在一个表单中有 1 个文本域，用于用户发表留言。请用过滤器处理用户提交的留言内容，将敏感关键字过滤掉。

第 5 章

Spring 框架（IoC 和 AOP）

Spring 框架从诞生的那一天起，它的目标就是要让 Java EE 的开发变得更加容易。同时，Spring 之所以与其他 Java EE 框架不同，是因为 Spring 致力于提供一个统一的、高效的方式以构造整个应用程序，并且可以将单个框架以最佳的组合粘合在一起。可以说 Spring 是一个提供了更完善开发环境的框架，可以为简单的 Java 对象（Plain Old inary Java Object，POJO）对象提供企业级的服务。

可以认为它是一个粘合剂，将不同的框架粘合在一起，让它们和平相处，但 Spring 又为这些粘合在一起的框架提供了新的、强大的功能。

从目前的情况来看，Spring 框架的长远目标是，以后开发 Java EE 只用 Spring 一个框架即可，而 Spring 现在也在一步步让这个目标成为现实。

5.1 Spring 概述

Spring 的作者，名字叫 Rod Johnson，如图 5-1 所示，澳大利亚人。他在悉尼大学不仅获得了计算机学位，更令人吃惊的是，在进入软件开发领域之前，他还获得了音乐学的博士学位。他有着相当丰富的 C/C++技术背景，在 1996 年就开始对 Java 服务器端技术进行了研究。其是 JSR-154（Servlet 2.4）和 JDO 2.0 的规范专家、JCP 的积极成员。也许正是这样有艺术细胞的人，才能设计出与众不同的框架吧。

图 5-1　Rod Johnson

5.1.1 Spring 的特征

Spring 是一个轻量级的控制反转（Inversion of Control，IoC）和面向切面编程（Aspect Oriented Programming，AOP）的容器框架，Spring 具有如下特征。

容器——Spring 是一个容器，Spring 包含并管理 JavaBean 的配置和生命周期，在这个意义上它是一种容器，用户可以配置自己的每个 Bean 如何被创建，Bean 可以创建一个单独的实例或者每次需要时都生成一个新的实例，用户还可以配置 Bean 之间的关系。

框架——Spring 可以将简单的组件配置、组合成为复杂的应用。在 Spring 中，应用对象被配置在一个 XML 文件里。Spring 也提供了很多基础功能（事务管理、持久化框架集成等），所以它本身也是一个功能强大的框架。

轻量——从大小与开销两个方面而言，Spring 都是轻量的。完整的 Spring 框架可以在一个大小只有 1MB 左右的 JAR 文件里发布。Spring 所需的处理开销也是微不足道的。此外，Spring 是非侵入式的，即 Spring 应用中的对象不依赖于 Spring 的特定类，从这一点上也可以理解为，应用程序与 Spring 框架是松耦合的。

控制反转——Spring 通过一种称为控制反转的技术促进了松耦合。当用户使用了 IoC 时，一个对象依赖的其他对象会通过被动的方式传递进来，而不是这个对象自己创建或者查找依赖对象。不是对象从容器中查找依赖，而是容器在对象初始化时不等对象请求就主动将依赖传递给它。

面向切面编程——Spring 提供了面向切面编程的丰富支持，允许通过分离应用的业务逻辑与其他系统级服务进行开发。应用对象只实现它们的业务逻辑即可，与应用无关但又必需的一些代码，如日志记录、事务处理、错误处理等功能，可以写在另外一个地方，然后由 Spring 把它们组合在一起运行，实现相应的功能。

上面的这些 Spring 的特征使用户能够编写更干净、更可管理、更易于测试的代码。由此也可以看出，Spring 框架是充满魅力的。

5.1.2 Spring 七大模块的作用

Spring 框架由七个定义明确的模块组成，如图 5-2 所示，这些模块为用户提供了开发企业应用所需的一切。用户不必学会 Spring 所有的东西，可以自由地挑选适合自己应用的模块。这里给出的建议是，人的精力是有限的，技术以实用为主，够用就好，没有必要把过多的时间和精力花在用不着的技术上。这七大模块的作用只要了解即可，也可以跳过，直接进入 IoC 容器的主题。

1. 核心容器

核心容器（Spring Core）提供 Spring 框架的基本功能。Spring 以 JavaBean 的方式组织和管理 Java 应用中的各个组件及其关系。Spring 使用 BeanFactory 来产生和管理 Bean，它是工厂模式的实现。BeanFactory 使用控制反转模式将应用的配置和依赖性规范与实际的应用程序代码分开。BeanFactory 使用依赖注入的方式提供给组件依赖。

2. Spring 上下文

Spring 上下文（Spring Context）是一个配置文件，向 Spring 框架提供上下文信息。Spring 上下文包括企业服务，如 JNDI、EJB、电子邮件、国际化、校验和调度功能。

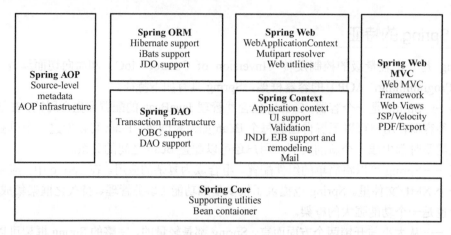

图 5-2　Spring 七大模块

3. Spring 面向切面编程

通过配置管理特性，Spring AOP 模块直接将面向切面的编程功能集成到了 Spring 框架中。所以，可以很容易地使用 Spring 框架管理的任何对象支持 AOP。Spring AOP 模块为基于 Spring 的应用程序中的对象提供了事务管理服务。通过使用 Spring AOP，就可以将声明性事务管理集成到应用程序中。

4. Spring DAO 模块

DAO 模块存在的主要目的是将与持久层有关的问题与一般的业务规则和工作流隔离开来。Spring 中的 DAO 提供一致的方式访问数据库，不管采用何种持久化技术，Spring 都提供一致的编程模型。Spring 还对不同的持久层技术提供了一致的 DAO 方式的异常层次结构。

5. Spring ORM 模块

Spring 与所有主要的 ORM 映射框架都集成得很好，包括 Hibernate、JDO 实现、TopLink 和 MyBatis 等。Spring 为这些框架提供了模板之类的辅助类，达成了一致的编程风格。

6. Spring Web 模块

Web 上下文模块建立在应用程序上下文模块之上，为基于 Web 的应用程序提供了上下文。Web 层使用 Web 层框架。这为用户的 Web 框架多了一个选择。我们可以使用 Spring 自己的 MVC 框架，或者使用其他的 Web 框架，如 Struts、Webwork 和 JSF。

7. Spring MVC 框架

MVC 框架是一个全功能的构建 Web 应用程序的 MVC 实现。通过策略接口，MVC 框架变成为高度可配置的。Spring 的 MVC 框架提供清晰的角色划分：控制器、验证器、命令对象、表单对象和模型对象、分发器、处理器映射和视图解析器。

5.2　控制反转

先学习一个概念，依赖注入（Dependence Injection）——将组件对象的控制权从代码本身转移到外部容器。

下面通过一个简单的生活案例来解释。案例如下：我们把汽车(Car)开动的步骤简单分成以下 3 步。

1）发动机（Engine）点火。
2）轮胎（Tire）滚动。
3）汽车（Car）跑起来。

按面向对象编程，这里抽象出 3 个类：一个 Car 汽车类，一个 Engine 发动机类，一个 Tire 轮胎类。代码如下：

```java
/** 发动机类 */
public class Engine {
    /*发动机点火的方法 */
    public void fire() {
        System.out.println("1.发动机点火");
    }
}

/** 轮胎类 */
public class Tire {
    /* 轮胎转动的方法 */
    public void roll() {
        System.out.println("2.轮胎滚动");
    }
}

/** 汽车类 */
public class Car {
    //实例化发动机
    Engine engine = new Engine();
    //实例化轮胎类
    Tire tire = new Tire();
    /* 汽车发动 */
    public void run() {
        //调用发动机的点火方法
        engine.fire();
        //调用轮胎的滚动方法
        tire.roll();
        //汽车开动
        System.out.println("3.汽车开动");
    }
}

/* 汽车的测试类 */
public class TestCar {
    public static void main(String[] args) {
        //实例化一辆汽车
        Car car = new Car();
        //调用汽车开动的方法
        car.run();
    }
```

}

运行结果：

1. 发动机点火
2. 轮胎滚动
3. 汽车开动

这是很简单的代码，相信每个学过 Java 面向对象编程的人都能看得懂。这个实例中共有三个类，Car 类是依赖于发动机类 Engine 和轮胎类 Tire 的。在 Car 类中创建了 2 个对象，即一个 Engine 对象，一个 Tire 对象，并且调用了 engine.fire()方法和 tire.roll()方法。

| engine.fire(); | //调用发动机类的点火方法 |
| tire.roll(); | //调用轮胎的滚动方法 |

这两行代码在 Car 类中的 run()方法中，想象一下，如果 Engine 或 Tire 类实例化失败，或是 fire()或 roll()方法出现异常，必然导致 run()方法不能正常运行。这说明 Car 类是依赖于 Engine 和 Tire 类的，这就是一种依赖关系。

在一个系统中，类与类之间都存在着大量的依赖关系。大型的项目中这种情况尤其突出，少说也有上百个类。如果这成百上千个类的依赖关系中，其中一两个类出现了问题，就可能导致整个系统出现问题甚至瘫痪，这样的系统是很脆弱的。

现实生活中很多例子也一样，如汽车，如图 5-3 所示。我们不能因为汽车轮胎出现问题就让汽车报废。只需要换一个同样型号的轮胎就可以了，也就是说，汽车并不依赖于轮胎这个对象。编程也应该这样，解除汽车类对轮胎类的依赖。

图 5-3　汽车实例

如何解除上面代码中的依赖关系呢？我们把主从关系倒过来，原来是汽车厂商去找轮胎厂商，现在是变成由多家轮胎厂商来找汽车厂商，哪家的轮胎不行就换另一家，始终保证汽车的质量。

在 Java 代码中就需要用到 Spring 的容器来管理所有的 JavaBean 类，把这种主动的依赖关系变成被动的依赖注入。也就是说，不主动实例化对象，用户将看不到类似于 new Engine()这样的代码，而是通过 Spring 容器来管理类的实例化以及类与类之间的关系。当需要某个对象（Engine 或 Tire）的时候，由 Spring 容器来实例化需要的对象。所有的实例化好的对象共同存在 Spring 容器中，当我们的主动请求方（Car）需要 Engine 或 Tire 对象的时候，由 Spring 容器把实例化好的 Engine 和 Tire 对象注入到 Car 中，如图 5-4 所示，这就叫做依赖注入。而原来主动创建对象的方式则变成了被动注入对象的方式，原来的主从关系也就发生了反转，我们称之为控制反转，所以 Spring 容器也是一个 IoC 容器。

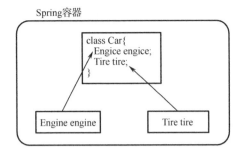

图 5-4　Spring 的 IoC 功能

下面就来看看 Spring 是如何实现的吧！

5.2.1　IoC 容器中装配 Bean

整个工程的结构如图 5-5 所示。

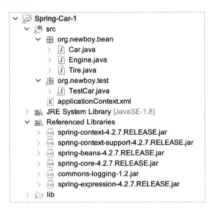

图 5-5　工程的结构

第 1 步：准备 JAR 包。

在开始这个案例之前，建议从 http://repo.springsource.org/libs-release-local/org/springframework/spring/4.2.7.RELEASE/ 下载相应的 Spring 框架包，选择 spring-framework-4.2.7.RELEASE-dist.zip 文件即可，它已经包含了 Spring 4.2.7 的完整包。但此入门的例子不需要所有的 Spring JAR 包，只需要以下 5 个包即可：spring-beans-4.2.7.RELEASE.jar、spring-context-4.2.7.RELEASE.jar、spring-context-support-4.2.7. RELEASE.jar、spring-core-4.2.7.RELEASE.jar、spring-expression-4.2.7.RELEASE.jar。

另外，还需要 commons-logging-1.2.jar，可以在 http://commons.apache.org/proper/ commons-logging/download_logging.cgi 得到。这个包是 Spring 调用的一个公共组件包，由 Apache 基金会另一家公司开发，用来进行日志记录的功能，Spring 框架调用了这个 JAR 库。

第 2 步：对 Car 类进行一些改造，因为后期不在 Car 内部通过 new 方法产生 Engine 和 Tire 对象，而是通过注入对象的方式，那么怎么注入进来呢？在 Spring 中主要有三种注入方式：

① 接口注入；

② set 方式注入；
③ 构造方法注入。

这里使用第二种方式，所以先给 Car 类加上 setter 方法。改造后的代码如下：

```java
/**汽车类 */
public class Car {
    private Engine engine;                  //发动机类
    private Tire tire;                      //轮胎类
    //添加 set 方法用于注入
    public void setEngine(Engine engine) {
        this.engine = engine;
    }

    public void setTire(Tire tire) {
        this.tire = tire;
    }
    /*汽车发动的方法 */
    public void run() {
        engine.fire();                      //调用发动机类的点火方法
        tire.roll();                        //调用轮胎的滚动方法
        System.out.println("3.汽车开动");   //汽车开动
    }
}
```

这里可以看出 Engine 和 Tire 类都不再用 new 的方式实例化对象，而是通过 set 方法从外面注入进来。其他两个类——Engine 和 Tire 代码的内容不变。

第 3 步：需要将所有的 JavaBean 放入 Spring 容器，由 Spring 实例化对象。在 src 目录下建立一个文件 applicationContext.xml，这是 Spring 默认的配置文件。内容如下：

```xml
<?xml version="1.0" encoding="UTF-8"?>
<beans xmlns="http://www.springframework.org/schema/beans"
    xmlns:xsi="http://www.w3.org/2001/XMLSchema-instance"
    xsi:schemaLocation="http://www.springframework.org/schema/beans
    http://www.springframework.org/schema/beans/spring-beans-4.2.xsd">
    <!-- 发动机类 -->
    <bean id="engine" class="org.newboy.bean.Engine" />
    <!-- 轮胎类 -->
    <bean id="tire" class="org.newboy.bean.Tire" />
    <!-- 汽车类 -->
    <bean id="car" class="org.newboy.bean.Car">
        <description>通过 set 方法注入 engine 和 tire 对象</description>
        <property name="engine" ref="engine" />
        <property name="tire" ref="tire" />
    </bean>
</beans>
```

XML 配置文件中几个标记的作用如下。

<bean>即代表放入 Spring 容器中的 JavaBean 对象，所有的类现在都由 Spring 来管理，id

可以理解为对象名，class 则是完全限定类名（包名+类名），基本上有这两个属性就足够了。

<description>相当于注释，可以使用汉字对这个 JavaBean 进行解释。

<property>代表 Car 类中的属性，要用 setter 方法。这里有两个属性：一个是 tire，另一个是 engine，属性名注意使用小写。ref 表示引用上面的两个对象，名称要和上面的<bean>中的 id 相同。ref 这里有 2 个用得比较多的属性：一个是 ref，另一个是 value。当传送引用类型的对象时就使用 ref，传送值类型时就使用 value。

第 4 步：修改 TestCar 类，代码如下。

```java
package org.newboy.test;
import org.newboy.bean.Car;
import org.springframework.context.ApplicationContext;
import org.springframework.context.support.ClassPathXmlApplicationContext;
/* 汽车的测试类 */
public class TestCar {
    public static void main(String[] args) {
        /* 创建 Spring 的上下文，相当于得到 Spring 的容器
         * ApplicationContext 是一个接口，ClassPathXmlApplicationContext 是实现类
         * 所带的参数 applicationContext.xml 是配置文件名 */
        ApplicationContext context = new ClassPathXmlApplicationContext("applicationContext.xml");
        /* getBean("car")相当于从 Spring 容器中取出 id=car 的对象
         * 这个方法返回的是 Object，所以强制转换成 Car 对象 */
        Car car = (Car) context.getBean("car");
        //调用 car 的 run()方法
        car.run();
    }
}
```

运行结果：

1. 发动机点火
2. 轮胎滚动
3. 汽车开动

可以看到运行结果和上面一样，此时，Car、Engine 和 Tire 三者之间没有了依赖关系，而且三者可以分别开发，也有利于模块化分工。这也体现了依赖注入的重要思想：将组件的构建和使用分开。组件化实现的思想是接口和实现类分离。

5.2.2 组件的定义与实现分离

在实际应用中，我们会把需要注入的对象写成接口，即把 Engine 和 Tire 定义成接口，这样可以进一步分离它们的关系，降低类与类之间的耦合度。

我们把 Spring-Car-1 项目复制一份并命名成 Spring-Car-2，然后进行修改，结构如图 5-6 所示。

假设发动机有手动与自动 2 种（其实这是变速箱的工作，读者可无视），轮胎也分为多种，如 15 寸、18 寸，同一款汽车也因为各种配置不同，有不同的档次和价格。我们如何自由组合搭配这些模块以造出不同型号的汽车呢？

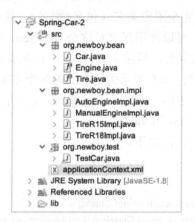

图 5-6 结构

第 1 步：将 Engine 和 Tire 改成接口。

```java
package org.newboy.bean;
/** 发动机的接口 */
public interface Engine {
    /** 发动机点火的方法 */
    public void fire();
}


package org.newboy.bean;
/** 轮胎类 */
public interface Tire {
    /** 轮胎转动的方法 */
    public void roll();
}
```

第 2 步：实现自动发动机和手动发动机。

```java
package org.newboy.bean.impl;
import org.newboy.bean.Engine;
/**自动发动机的实现类 */
public class AutoEngineImpl implements Engine {
    /** 实现发动机点火的方法 */
    public void fire() {
        System.out.println("1.自动挡发动点火");
    }
}


package org.newboy.bean.impl;
import org.newboy.bean.Engine;
/**手动发动机类 */
public class ManualEngineImpl implements Engine {
    /** 手动发动机点火的方法 */
    public void fire() {
        System.out.println("1.手动挡发动点火");
```

    }
}

第 3 步：实现 15 寸和 18 寸轮胎的类。

```
package org.newboy.bean.impl;
import org.newboy.bean.Tire;
/** 15 寸轮胎实现类 */
public class TireR15Impl implements Tire {
    /** 轮胎转动的方法 */
    public void roll() {
        System.out.println("2.半径为 15 的轮胎滚动");
    }
}
```

```
package org.newboy.bean.impl;
import org.newboy.bean.Tire;
/** 18 寸轮胎的实现类  */
public class TireR18Impl implements Tire {
    /**
     * 轮胎转动的方法
     */
    public void roll() {
        System.out.println("2.半径为 18 的轮胎滚动");
    }
}
```

Car 类的代码基本不变，此时 Engine 和 Tire 已经变成接口，set 方法的形参也是接口。

```
/**汽车类 */
public class Car {
    private Engine engine;                     //发动机接口
    private Tire tire;                         //轮胎接口
    public void setEngine(Engine engine) {
        this.engine = engine;
    }
    public void setTire(Tire tire) {
        this.tire = tire;
    }
    /*汽车发动的方法 */
    public void run() {
        engine.fire();                         //调用发动机类的点火方法
        tire.roll();                           //调用轮胎的滚动方法
        System.out.println("3.汽车开动");       //汽车开动
    }
}
```

第 4 步：在 applicationContext.xml 配置文件中动态组装各个实现类。

```xml
<?xml version="1.0" encoding="UTF-8"?>
<beans xmlns="http://www.springframework.org/schema/beans"
    xmlns:xsi="http://www.w3.org/2001/XMLSchema-instance"
    xsi:schemaLocation="http://www.springframework.org/schema/beans
    http://www.springframework.org/schema/beans/spring-beans-4.2.xsd">
    <!-- 自动挡发动机 -->
    <bean id="autoEngine" class="org.newboy.bean.impl.AutoEngineImpl"/>
    <!-- 手动挡发动机 -->
    <bean id="manualEngine" class="org.newboy.bean.impl.ManualEngineImpl"/>
    <!-- 半径18寸的轮胎 -->
    <bean id="tire18" class="org.newboy.bean.impl.TireR18Impl"/>
    <!-- 半径15寸的轮胎 -->
    <bean id="tire15" class="org.newboy.bean.impl.TireR15Impl"/>
    <!-- 自动挡,轮胎为18寸的汽车 -->
    <bean id="autoCar" class="org.newboy.bean.Car">
        <property name="engine" ref="autoEngine"/>
        <property name="tire" ref="tire18"/>
    </bean>
    <!-- 手动挡,轮胎为15寸的汽车 -->
    <bean id="manualCar" class="org.newboy.bean.Car">
        <property name="engine" ref="manualEngine"/>
        <property name="tire" ref="tire15"/>
    </bean>
</beans>
```

这里我们一共组装了两种型号的汽车，一种是自动挡、轮胎为18寸的汽车；另一种是手动挡、轮胎为15寸的汽车。

第5步：Car的代码发生了少量的变化，得到Car的方式不同，分别得到自动挡和手动挡的汽车。

```java
import org.newboy.bean.Car;
import org.springframework.context.ApplicationContext;
import org.springframework.context.support.ClassPathXmlApplicationContext;
/* 汽车的测试类 */
public class TestCar {
    public static void main(String[] args) {
        ApplicationContext context = new ClassPathXmlApplicationContext("applicationContext.xml");
        //分别得到自动挡和手动挡汽车
        Car autoCar = (Car) context.getBean("autoCar");
        Car manualCar = (Car) context.getBean("manualCar");
        //调用car的run()方法
        autoCar.run();
        System.out.println();
        manualCar.run();
    }
}
```

运行结果：

1. 自动挡发动点火
2. 半径为18寸的轮胎滚动
3. 汽车开动

1. 手动挡发动点火
2. 半径为 15 寸的轮胎滚动
3. 汽车开动

代码运行到这里可以发现,各个类之间都是松耦合,而且可以灵活动态组装。如果修改以下配置代码:

```xml
<!-- 自动挡,轮胎为 15 寸的汽车 -->
<bean id="autoCar" class="org.newboy.bean.Car">
    <property name="engine" ref="autoEngine"/>
    <property name="tire" ref="tire15"/>
</bean>
<!-- 手动挡,轮胎为 18 寸的汽车 -->
<bean id="manualCar" class="org.newboy.bean.Car">
    <property name="engine" ref="manualEngine"/>
    <property name="tire" ref="tire18"/>
</bean>
```

就能得到 2 款新型号的汽车:自动挡轮胎为 15 寸的汽车,手动挡轮胎为 18 寸的汽车。而这里仅仅只是交换了<property name="tire" ref="tire15"/>和<property name="tire" ref="tire18"/>代码的位置,其他地方的代码都无需任何修改。

运行结果:

1. 自动挡发动点火
2. 半径为 15 寸的轮胎滚动
3. 汽车开动

1. 手动挡发动点火
2. 半径为 18 寸的轮胎滚动
3. 汽车开动

5.2.3 注入传值的参数值

再次复制项目,将 Spring-Car-2 复制成 Spring-Car-3,其结构如图 5-7 所示。删除原来的 TireR15Impl.java 和 TireR18Impl.java 类。创建新的轮胎实现类 TireImpl.java,把轮胎的半径变成动态注入的方式。这样可以产生任意半径大小的轮胎,并且在配置文件中将半径以参数的方式注入。

图 5-7 结构

代码如下:

```java
package org.newboy.bean.impl;
import org.newboy.bean.Tire;
/** 轮胎实现类 */
public class TireImpl implements Tire {
    private int radius;//轮胎的半径,新添加的代码
    public void setRadius(int radius) {
        this.radius = radius;
    }
    /** 轮胎转动的方法 */
    public void roll() {
        System.out.println("2.半径为" + radius + "的轮胎滚动");
    }
}
```

修改 Spring 中关于轮胎的配置如下:

```xml
<!-- 轮胎 -->
<bean id="tire" class="org.newboy.bean.impl.TireImpl">
    <property name="radius" value="20"/>
</bean>
```

这里注入了一个半径为 20 的数值给 Tire 类,注意 property 的属性是 value 而不是 ref。完整的 applicationContext.xml 内容如下:

```xml
<?xml version="1.0" encoding="UTF-8"?>
<beans xmlns="http://www.springframework.org/schema/beans"
    xmlns:xsi="http://www.w3.org/2001/XMLSchema-instance"
    xsi:schemaLocation="http://www.springframework.org/schema/beans
    http://www.springframework.org/schema/beans/spring-beans-4.2.xsd">
    <!-- 自动挡发动机 -->
    <bean id="autoEngine" class="org.newboy.bean.impl.AutoEngineImpl"/>
    <!-- 手动挡发动机 -->
    <bean id="manualEngine" class="org.newboy.bean.impl.ManualEngineImpl"/>

    <!-- 动态注入轮胎的半径 -->
    <bean id="tire" class="org.newboy.bean.impl.TireImpl">
        <property name="radius" value="20"/>
    </bean>

    <!-- 自动挡汽车 -->
    <bean id="autoCar" class="org.newboy.bean.Car">
        <property name="engine" ref="autoEngine"/>
        <property name="tire" ref="tire"/>
    </bean>

    <!-- 手动挡汽车 -->
    <bean id="manualCar" class="org.newboy.bean.Car">
        <property name="engine" ref="manualEngine"/>
```

```
        <property name="tire" ref="tire"/>
    </bean>
</beans>
```

其他代码不变，运行结果：

1. 自动挡发动点火
2. 半径为 20 寸的轮胎滚动
3. 汽车开动

1. 手动挡发动点火
2. 半径为 20 寸的轮胎滚动
3. 汽车开动

5.2.4　使用 p 命名空间注入属性

　　Spring 中设置了前缀为 p 的命名空间，可以更方便地在 JavaBean 中注入属性值，它的特点是使用<bean>的属性而不是子元素的形式配置 Bean 的属性注入，从而简化配置代码。使用 p 命名空间之前，要先在 Spring 配置文件中引入 p 命名空间：xmlns:p=http://www.springframework.org/schema/p。

　　例如：

```
<bean id="autoCar" class="org.newboy.bean.Car">
    <property name="engine" ref="autoEngine"/>
    <property name="tire" ref="tire"/>
</bean>
```

可以写成：

```
<bean id="autoCar" class="org.newboy.bean.Car" p:engine-ref="autoEngine" p:tire-ref="tire"/>
```

p 命名空间的语法如下。
1）对于传值（基本数据类型、字符串）属性：

```
p:属性名="属性值"
```

21）对于传引用类型 Bean 的属性：

```
p:属性名-ref="Bean 的 id"
```

例如，轮胎半径的注入：

```
<bean id="tire" class="org.newboy.bean.impl.TireImpl">
    <property name="radius" value="20"/>
</bean>
```

采用 p 命名空间注入轮胎半径的写法如下：

`<bean id="tire" class="org.newboy.bean.impl.TireImpl" p:radius="20"/>`

修改以后完整的 applicationContext.xml 如下：

```
<?xml version="1.0" encoding="UTF-8"?>
```

```xml
<beans xmlns="http://www.springframework.org/schema/beans"
    xmlns:xsi="http://www.w3.org/2001/XMLSchema-instance"
    xmlns:p="http://www.springframework.org/schema/p"
    xsi:schemaLocation="http://www.springframework.org/schema/beans
    http://www.springframework.org/schema/beans/spring-beans-4.2.xsd">
    <!-- 自动挡发动机 -->
    <bean id="autoEngine" class="org.newboy.bean.impl.AutoEngineImpl"/>
    <!-- 手动挡发动机 -->
    <bean id="manualEngine" class="org.newboy.bean.impl.ManualEngineImpl"/>
    <!-- 动态注入轮胎的半径 -->
    <bean id="tire" class="org.newboy.bean.impl.TireImpl" p:radius="20"/>
    <!-- 自动挡汽车 -->
    <bean id="autoCar" class="org.newboy.bean.Car"    p:engine-ref="autoEngine" p:tire-ref="tire"/>
    <!-- 手动挡汽车 -->
    <bean id="manualCar" class="org.newboy.bean.Car" p:engine-ref="manualEngine" p:tire-ref="tire"/>
</beans>
```

TestCar 类的代码不变，运行结果：

1. 自动挡发动点火
2. 半径为 20 寸的轮胎滚动
3. 汽车开动

1. 手动挡发动点火
2. 半径为 20 寸的轮胎滚动
3. 汽车开动

5.2.5　自动注入

通过上面的 applicationContext.xml 配置文件会发现一个问题：当一个类需要注入的属性特别多的时候，就需要写大量的注入代码。如果一个项目中的类比较多，尤其是大量项目，有大量的类需要配置和属性需要注入的时候，就会导致 applicationContext.xml 配置文件臃肿。所以 Spring 提供了自动注入的方式减少 XML 配置文件的工作量。例如：

```xml
<bean id="autoCar" class="org.newboy.bean.Car" p:engine-ref="autoEngine" p:tire-ref="tire" />
```

向 Car 这个类中注入了 2 个引用类型的对象——一个是 Engine，另一个是 Tire。再来看一下 Car 类中有关属性名称的代码段：

```java
package org.newboy.bean;
/**汽车类 */
public class Car {
    private Engine engine;              //发动机接口
    private Tire tire;                  //轮胎接口
    //添加 set 方法用于注入
    public void setEngine(Engine engine) {
        this.engine = engine;
    }
```

```java
    public void setTire(Tire tire) {
        this.tire = tire;
    }
    /*汽车发动的方法 */
    public void run() {
        engine.fire();                          //调用发动机类的点火方法
        tire.roll();                            //调用轮胎的滚动方法
        System.out.println("3.汽车开动");        //汽车开动
    }
}
```

如果把 applicationContext.xml 配置文件中的自动发动机

```xml
<bean id="autoEngine" class="org.newboy.bean.impl.AutoEngineImpl" />
```

改为

```xml
<bean id="engine" class="org.newboy.bean.impl.AutoEngineImpl" />
```

即 id 的名称与 Car 中的接口属性名完全相同，那么组装汽车的代码就可以变成：

```xml
<bean id="autoCar" class="org.newboy.bean.Car" autowire="byName"/>
```

此时整个 applicationContext.xml 配置文件就变成以下内容：

```xml
<?xml version="1.0" encoding="UTF-8"?>
<beans xmlns="http://www.springframework.org/schema/beans"
    xmlns:xsi="http://www.w3.org/2001/XMLSchema-instance"
    xmlns:p="http://www.springframework.org/schema/p"
    xsi:schemaLocation="http://www.springframework.org/schema/beans
    http://www.springframework.org/schema/beans/spring-beans-4.2.xsd">

    <!-- 自动挡发动机 -->
    <bean id="engine" class="org.newboy.bean.impl.AutoEngineImpl"/>

    <!-- 动态注入轮胎的半径 -->
    <bean id="tire" class="org.newboy.bean.impl.TireImpl" p:radius="20"/>

    <!-- 自动挡汽车 -->
    <bean id="autoCar" class="org.newboy.bean.Car" autowire="byName"/>
</beans>
```

为了使代码变得简洁，这里删除了手动挡汽车的配置。同时，TestCar 中有关手动挡汽车的代码也删除了：

```java
package org.newboy.test;
import org.newboy.bean.Car;
import org.springframework.context.ApplicationContext;
import org.springframework.context.support.ClassPathXmlApplicationContext;
/* 汽车的测试类 */
public class TestCar {
    public static void main(String[] args) {
```

```
        ApplicationContext context = new ClassPathXmlApplicationContext("applicationContext.xml");
        Car autoCar = (Car) context.getBean("autoCar"); //得到自动汽车
        //调用 car 的 run()方法
        autoCar.run();
    }
}
```

可以发现运行结果是一样的，autowire 表示自动注入所有的属性，当 Car 类中需要注入的属性比较多的时候，这可以节省不少代码。autowire 一共有 4 个取值，如表 5-1 所示。

表 5-1 autowire 的取值

取值	说明
no	默认值 default。Spring 默认不进行自动装配，必须显式指定依赖对象
byName	根据属性名自动装配。Spring 自动查找与属性名相同的 id，如果找到，则自动注入，否则什么都不做
byType	根据属性的类型自动装配。Spring 自动查找与属性类型相同的 Bean，如果刚好找到唯一的那个，则自动注入；如果找到多个与属性类型相同的 Bean，则抛出异常；如果没有找到，就什么也不做
constructor	和 byType 类似，但它针对构造方法。如果 Spring 找到一个 Bean 和构造方法的参数类型相匹配，则通过构造注入该依赖对象；如果找不到，则将抛出异常

这行代码`<bean id="autoCar" class="org.newboy.bean.Car" autowire="byName"/>`只是指 Car 类中所有的属性采用自动注入的方式，如果想让 Spring 容器中所有的引用类型都采用自动注入的方式，则可以在配置文件的第一句后面加上 default-autowire="byName"，这样 Car 类的自动注入 autowire="byName"就可以省略了。注意下面代码中加粗的部分，现在的完整配置代码如下：

```
<?xml version="1.0" encoding="UTF-8"?>
<beans xmlns="http://www.springframework.org/schema/beans"
    xmlns:xsi="http://www.w3.org/2001/XMLSchema-instance"
    xmlns:p="http://www.springframework.org/schema/p"
    xsi:schemaLocation="http://www.springframework.org/schema/beans
    http://www.springframework.org/schema/beans/spring-beans-4.2.xsd" default-autowire="byName">
    <!-- 自动挡发动机 -->
    <bean id="engine" class="org.newboy.bean.impl.AutoEngineImpl"/>
    <!-- 动态注入轮胎的半径 -->
    <bean id="tire" class="org.newboy.bean.impl.TireImpl" p:radius="20"/>
    <!-- 自动挡汽车 -->
    <bean id="autoCar" class="org.newboy.bean.Car" />
</beans>
```

自动装配使得配置文件可以非常简洁，但同时也造成组件之间的依赖关系不明确，容易引发一些潜在的错误，在实际项目中要谨慎使用。

5.2.6 构造器注入

上面已经提到，Spring 提供了多种注入的方式，主要有三种方式：接口注入、set 方式注入、构造器注入。下面介绍一下构造器(即构造方法)注入的方式。顾名思义，就是在通过类的构造方法实例化对象的时候,通过构造方法的参数传递注入对象或值。这里,将项目 Spring-Car-3 复制并命名为 Spring-Car-4 项目。

第 1 步:修改 Car 类,添加无参和全部属性参数的构造方法。

```java
package org.newboy.bean;
/**汽车类 */
public class Car {
    //发动机接口
    private Engine engine;
    //轮胎接口
    private Tire tire;
    //默认构造方法
    public Car() {
        super();
    }
    //带全部参数的构造方法
    public Car(Engine engine, Tire tire) {
        this();
        this.engine = engine;
        this.tire = tire;
    }

    //添加 set 方法用于注入
    public void setEngine(Engine engine) {
        this.engine = engine;
    }

    public void setTire(Tire tire) {
        this.tire = tire;
    }

    /*汽车发动的方法 */
    public void run() {
        engine.fire();                          //调用发动机类的点火方法
        tire.roll();                            //调用轮胎的滚动方法
        System.out.println("3.汽车开动");       //汽车开动
    }
}
```

第 2 步:去掉自动注入,修改 applicationContext.xml 配置文件为构造方法的注入方式。

```xml
<?xml version="1.0" encoding="UTF-8"?>
<beans xmlns="http://www.springframework.org/schema/beans"
    xmlns:xsi="http://www.w3.org/2001/XMLSchema-instance"
    xmlns:p="http://www.springframework.org/schema/p"
    xsi:schemaLocation="http://www.springframework.org/schema/beans
    http://www.springframework.org/schema/beans/spring-beans-4.2.xsd">
    <!-- 自动挡发动机 -->
    <bean id="engine" class="org.newboy.bean.impl.AutoEngineImpl" />
```

```xml
<!-- 动态注入轮胎的半径 -->
<bean id="tire" class="org.newboy.bean.impl.TireImpl" p:radius="20" />
<!-- 自动挡汽车 -->
<bean id="autoCar" class="org.newboy.bean.Car">
    <!-- 采用构造方法参数注入 -->
    <constructor-arg ref="engine" />
    <constructor-arg ref="tire" />
</bean>
</beans>
```

其他代码不变，运行结果也是一样的。这就是构造器注入，只是换了一种注入对象的方式而已。构造器注入的几个要点如下。

（1）一个<constructor-arg>元素表示构造方法的一个参数，且使用时不区分顺序。

（2）通过<constructor-arg>元素的 index 属性可以指定该参数的位置索引，位置从 0 开始。

（3）<constructor-arg>元素还提供了 type 属性用来指定参数的类型，避免字符串和基本数据类型的混淆。

通过 IoC，可使代码层次更加清晰。IoC 容器是一个轻量级的容器，没有侵入性，不需要依赖容器的 API，也不需要实现一些特殊接口。而一个合理的设计最好尽量避免侵入性，减少了代码中的耦合，将耦合分离到了配置文件中，发生了变化也更容易控制和修改，这些都是 IoC 带来的好处。

5.2.7　Bean 的作用域

我们可以在 Bean 定义的时候来指定对象的作用域（scope），即 JavaBean 在 Spring 容器中的生命周期，这种方法非常强大和灵活。Spring 框架现有五种作用域，如表 5-2 所示，其中有三个需要在使用 Web 相关的 applicationContext 环境下才可以使用，所以现阶段，只需掌握前面 2 种作用域即可。

表 5-2　Bean 的作用域及其含义

Bean 的作用域	含　义
singleton	默认的作用域，仅为每个 Bean 对象创建一个实例
prototype	可以根据需要为每个 Bean 对象创建多个实例
request	为每个 HTTP 请求创建它自有的一个 Bean 实例，仅在 Web 相关的 ApplicationContext 中生效
session	为每个 HTTP 会话创建一个实例，仅在 Web 相关的 ApplicationContext 中生效
global session	为每个全局的 HTTP 会话创建一个实例。一般仅在 porlet 上下文中生效，同时，仅在 Web 相关的 ApplicationContext 中生效
application	为每个 ServletContext 创建一个实例。仅在 Web 相关的 applicationContext 中生效

1．singleton 作用域（scope 默认值）

当一个 Bean 的作用域设置为 singleton 时，那么 Spring IoC 容器中只会存在一个共享的 Bean 实例。换言之，当把一个 Bean 定义设置为 singleton 作用域时，Spring IoC 容器只会创建该 Bean 定义的唯一实例。这个单一实例会被存储到单例缓存中，并且所有针对该 Bean 的后续请求和引用都将返回被缓存的同一个对象实例。

2. prototype

prototype 作用域部署的 Bean，每一次请求（将其注入到另一个 Bean 中，或者以程序的方式调用容器的 getBean()方法）都会产生一个新的 Bean 实例，相当于一个 new 的操作。此外，Spring 容器不对一个 prototype Bean 的整个生命周期负责，容器在初始化、配置或者是装配完一个 prototype 实例后，将它交给客户端，随后就不再考虑该 prototype 实例了。清除 prototype 作用域的对象并释放任何 prototype Bean 所持有的资源，都需要用户自己编写代码完成。

3. request、session、global session 和 application 作用域

request、session 和 global session 作用域仅在使用 Web 相关的 ApplicationContext 实现（如 XmlWebApplicationContext）时才会有用。如果使用平常的 Spring IoC 容器（如 ClassPathXmlApplicationContext），将会抛出 IllegalStateException 异常。

（1）request：在一次 HTTP 请求中，容器会返回该 Bean 的同一个实例，而对于不同的用户请求，会返回不同的实例。

（2）session：Spring 容器会为每个会话创建一个实例。和 request 作用域类似，实例的状态可以根据需要进行修改，不会影响到其他会话中创建的实例。

（3）global session：global session 作用域和 session 作用域类似，仅应用于基于 portlet 的上下文中。

（4）application：Spring 会为整个 Web 应用创建一个实例，作为 ServletContext 的一个属性存储着。它和 Spring 的单例 Bean 有点相像，但也有不同，它在每个 ServletContext 中是单例的，而非 Spring 的 ApplicationContext。

4. 自定义 Bean 装配作用域

作用域是可以任意扩展的，用户可以自定义作用域，但是不能覆盖 singleton 和 prototype，Spring 的作用域由接口 org.springframework.beans.factory.config.Scope 来定义。

通过一个实例来看 singleton 和 prototype 的区别，创建一个新的项目，将 Spring 中必需的几个包复制过来，项目结构如图 5-8 所示。

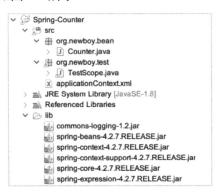

图 5-8　Singleton 和 prototype 的区别

第 1 步：编写一个 Counter 计数器类。

```
/**
 * 计数器实体类
 * @author LiuBo
 */
```

```java
public class Counter {
    private int num = 0;        //初始值
    public int getNum() {
        return num;
    }
    public void setNum(int num) {
        this.num = num;
    }
}
```

第 2 步：在 IoC 容器中配置 Counter，为 Counter 设置 scope 属性为 singleton，即单例模式，当然，即便不加 scope=singleton，默认也是这个取值。applicationContext.xml 的代码如下：

```xml
<?xml version="1.0" encoding="UTF-8"?>
<beans xmlns="http://www.springframework.org/schema/beans"
    xmlns:xsi="http://www.w3.org/2001/XMLSchema-instance"
    xsi:schemaLocation="http://www.springframework.org/schema/beans
    http://www.springframework.org/schema/beans/spring-beans-4.2.xsd">
    <!-- 计数器 -->
    <bean id="counter" class="org.newboy.bean.Counter" scope="singleton" />
</beans>
```

第 3 步：编写 TestScope 类的代码，先通过 getBean("counter")得到 counter 对象，对计数加 1，再通过 getBean("counter")得到第二次 counter 对象，再加 1。

```java
/* 测试计数器 */
public class TestScope {
    public static void main(String[] args) {
        ApplicationContext context = new ClassPathXmlApplicationContext("applicationContext.xml");
        //得到计数器
        Counter counter = (Counter) context.getBean("counter");
        //给计数加 1
        counter.setNum(counter.getNum() + 1);
        System.out.println("第 1 次: " + counter.getNum());
        //再次得到这个对象并给计数加 1
        counter = (Counter) context.getBean("counter");
        counter.setNum(counter.getNum() + 1);
        System.out.println("第 2 次: " +counter.getNum());
    }
}
```

运行结果：

第 1 次：1
第 2 次：2

由此可见，counter 的属性 num 两次使用的是同一个对象，第 1 次加了 1，第 2 次在原有的数值上再加 1。

第 4 步：现在把 applicationContext.xml 中的代码改成

```
<bean id="counter" class="org.newboy.bean.Counter" scope="prototype" />
```

再次运行相同的代码，结果如下：

第 1 次: 1
第 2 次: 1

可以发现 counter 的属性 num 值每次都是从 1 开始计数的，无论运行多少次，结果都是这样，可见它每次是重新创建一个新的对象。

在实际开发中，Spring 默认使用的是单例模式，即一个类在 Spring IoC 容器中只创建一个对象，这样既可以避免容器中对象过多地占用内存资源，又可以减少对象创建和销毁时消耗的时间和资源。

5.3 AOP

5.3.1 AOP 概述

我们开发软件的目的是解决工作与生活中的各种实际问题，也就是业务功能。例如，想实现登录的功能，理想中的代码就应该只有登录的代码。但服务器端的 Java EE 开发却远不只这些，还要处理记录日志、异常处理、事务控制等一些与业务无关的事情。而这些代码又是服务器端代码必须要的。例如，实现日志记录功能，服务器端重要的操作步骤是需要用日志记录下来的，便于以后服务器的管理和维护，所以系统中就会出现类似这样的代码：

```
logger.info("管理员登录");        //日志记录
userBiz.login();                //业务操作
logger.info("管理员删除用户");    //日志记录
userBiz.deleteUser();           //业务操作
logger.info("管理员退出");        //日志记录
userBiz.logout();               //业务操作
```

类似上面的业务代码和日志记录代码会分布在整个系统中，而且是零散的。

几乎所有的重要操作方法前面都会加上日志记录代码，这样的代码写起来繁琐，又占用了开发时间和精力，而且不容易维护。我们统一把这些代码称为切面代码。有没有什么办法让我们把精力只放在业务逻辑代码上，又能对这些切面代码进行统一管理，在运行的时候再把这些切面代码与业务代码织到一起呢？

相信各位都吃过汉堡包，如图 5-9 所示，最上一层是面包，再一层是蔬菜，中间是鸡肉，下面又有蔬菜和面包。一片片切片，把这种编程方式称为切面代码，而中间的鸡肉则是业务代码，我们只关注中间的鸡肉。现实生活中，蔬菜、鸡肉、面包是分别生产的，最后再一片片叠到一起变成汉堡包。做软件也可以这样，分别开发切面代码（蔬菜）和业务代码（鸡肉），最后织到一起。这就是 Spring 中的 AOP，下面就来学习其使用。

图 5-9　汉堡包

之前我们学过面向对象编程（OOP），OOP 是从静态角度考虑程序结构，AOP 则是从动态角度考虑程序的运行过程。

AOP 的原理：将复杂的需求分解成不同方面，将散布在系统中的公共功能集中解决。

AOP 的作用：处理一些具有切面性质的系统性服务，如事务管理、安全检查、缓存、对象池管理等。

5.3.2 代理模式

在介绍 AOP 之前，有必要介绍一下代理模式。代理模式的作用：为其他对象提供一种代理以便控制对这个对象的访问。代理模式可以详细控制访问某个对象的方法，在调用这个方法前做一些前置处理，调用这个方法后也可以做后置处理。例如，明星的经纪人、租房的中介等都是代理对象。代理模式的实现可以分成静态代理和动态代理模式。学习代理模式之前要先了解代理模式涉及的对象。

1．代理模式涉及的对象

代理模式涉及的对象如图 5-10 所示。

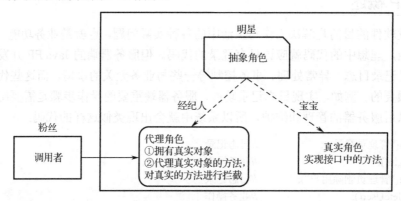

图 5-10　代理模式涉及的对象

1）真实角色：需要实现抽象角色的接口，定义了真实角色所要实现的业务逻辑，以供代理角色调用，也就是真正的业务逻辑在这里，如明星。

2）代理角色：相当于真实角色的一个代理角色，如经纪人。

① 拥有真实角色的成员变量。

② 通过构造方法传入真实角色。

③ 可以改写真实角色的方法或对真实角色的方法进行拦截，并可以附加自己的操作。

3）抽象角色：指代理角色（经纪人）和真实角色（明星）对外提供的公共方法，一般为一个接口。

4）调用者：使用真实角色的消费者，如明星的粉丝，不属于代理模式中的一部分。

2．静态代理的实现

项目结构如图 5-11 所示。

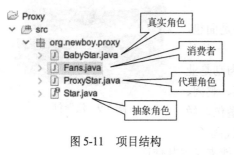

图 5-11　项目结构

1）抽象角色：明星。

```java
public interface Star {
    /**
     * 唱歌
     */
    void song();
    /**
     * 传入参数：跳舞名，有返回值
     */
    String dance(String danceName);
}
```

2）真实角色：

```java
public class BabyStar implements Star {
    @Override
    public void song() {
        System.out.println("唱：我们都有一个家，名字叫中国！");
    }

    @Override
    public String dance(String danceName) {
        System.out.println("跳舞：" + danceName);
        return "跳：" + danceName;
    }
}
```

3）代理角色：

```java
public class ProxyStar implements Star {
    private Star star;          //拥有真实对象的成员变量
    //通过构造方法传入真实对象
    public ProxyStar(Star star) {
        this.star = star;
    }
    @Override
    public void song() {
        System.out.println("经纪人：出面谈出场费");
        //明星唱歌
        star.song();
    }
    @Override
    public String dance(String danceName) {
        System.out.println("经纪人：价格谈不拢不跳了。");
        return "不跳了";
    }
}
```

4)调用者:

```
public class Fans {
    public static void main(String[] args) {
        //创建真实对象
        Star s1 = new BabyStar();
        //创建代理对象
        Star s2 = new ProxyStar(s1);
        //消费具体的方法
        s2.song();
        System.out.println(s2.dance("霹雳舞"));
    }
}
```

5)运行结果:

经纪人:出面谈出场费
唱:我们都有一个家,名字叫中国!

经纪人:价格谈不拢不跳了。
不跳了

3. 静态代理的优缺点

优点:不需要修改真实角色的代码就实现了真实角色功能的增加,符合面向对象编程的开闭原则(OCP)。开闭原则是面向对象设计中"可复用设计"的基石,是面向对象设计中最重要的原则之一,其对于扩展是开放的,对于修改是关闭的,这意味着模块的功能是可以扩展的。当应用的需求改变时,我们可以对模块进行功能扩展,使其具有满足那些改变的新功能。也就是说,可以对模块功能进行扩展而不必改动模块的源代码。

缺点: 1)一个真实角色必须对应一个代理角色,如果大量使用会导致类的急剧膨胀。2)如果抽象角色中方法很多,则代理角色也要编写大量的代码,重写抽象角色中所有的方法,并且对真实角色中的每个方法进行增强。

如何克服这些不足呢?我们还有另一个选择——使用动态代理。

4. 使用动态代理

1)特点:

(1)动态生成代理对象,不用手动编写代理对象。

(2)不需要重写目标对象中所有同名的方法。

2)动态代理类相应的 API

(1)Proxy 类:

static Object newProxyInstance(ClassLoader loader, Class[] interfaces, InvocationHandler h)

◆ 作用:在 JDK 的 API 中存在一个 Proxy 类,有一个生成动态代理对象的方法 newProxyInstance()。

◆ 参数说明如下。

loader 参数:真实对象的类加载器。

interfaces:真实对象所有实现的接口数组。

h:具体的代理操作,InvocationHandler 是一个接口,需要传入一个实现了此接口的实现类。

- 返回值：生成的代理对象。

（2）InvocationHandler 接口：

```
Object invoke(Object proxy, Method method, Object[] args)
```

- 作用：在这个方法中实现对真实方法的增强或拦截。

参数说明如下。

proxy：即方法 newProxyInstance()方法返回的代理对象，该对象一般不要在 invoke 方法中使用，容易出现递归调用。

method：真实对象的方法对象，会进行多次调用，每次调用 method 对象都不同。

args：代理对象调用方法时传递的参数。

- 返回值：真实对象方法的返回值。

5．动态代理模式的开发步骤

1）直接创建真实对象。

2）通过 Proxy 类，创建代理对象。

3）调用代理方法，其实是调用 InvocationHandler 接口中的 invoke()方法。

代码：

```java
public class DynamicProxy {
    public static void main(String[] args) {
        //创建真实对象
        final BabyStrong bs = new BabyStrong();
        //创建代理对象，在这里其实就是 Star 对象
        Star starProxy = (Star) Proxy.newProxyInstance(
            BabyStrong.class.getClassLoader(),           //真实对象的类加载器
            new Class[] {Star.class},                    //真实对象实现的所有接口
            //或者写成 BabyStrong.class.getInterfaces(),
            new InvocationHandler() {                    //具体的代理操作
                /*
                    proxy：即方法 newProxyInstance()方法返回的代理对象
                    method：真实对象的方法对象，每次调用 method 对象都不同
                    args：代理对象调用方法时传递的参数
                */
                @Override
                public Object invoke(Object proxy, Method method, Object[] args) throws Throwable {
                    //在真实方法调用前后可以加新的功能
                    System.out.println("演出前经纪人谈出场价格");
                    //调用真实的方法，传递外部类的真实对象
                    Object result = method.invoke(bs, args);
                    System.out.println("演出后工作人员打扫场地");
                    //返回方法的返回值
                    return result;
                }
            });
        //调用代理对象的方法
        starProxy.song();                                //唱歌的方法
        starProxy.dance("广场舞");                        //跳舞的方法
```

        }
    }

以上就是动态代理实现的代码，同样可以实现代理的功能，只是代码量更加少了，而且代理角色是动态生成的。

5.3.3　AOP 的实现

AOP 的实现原理其实就是使用代理模式，由 AOP 框架动态生成的一个代理对象，该对象可作为代替目标对象使用。AOP 代理包含了目标对象的全部方法，但 AOP 代理中的方法与目标对象的方法存在差异，AOP 方法在特定切入点添加了增强处理，并回调了目标对象的方法。

Spring 中 AOP 代理由 Spring 的 IoC 容器负责生成、管理，其依赖关系也由 IoC 容器负责管理。因此，AOP 代理可以直接使用容器中的其他 Bean 实例作为目标，这种关系可由 IoC 容器的依赖注入提供。

AOP 编程其实并不难，可以简单分成以下三个步骤。

1）定义普通业务功能的实现（即汉堡包中的鸡肉）。

2）定义切入点，一个切入点可能横切多个业务方法（即面包和蔬菜）。

3）定义增强处理，增强处理就是在 AOP 框架中为普通业务功能注入的处理（把三者叠在一起，做成汉堡）。

所以进行 AOP 编程的关键就是定义切入点和定义增强处理。一旦定义了合适的切入点和增强处理，AOP 框架将会自动生成 AOP 代理，即：代理对象的方法(汉堡包)=增强处理(面包和蔬菜)+被代理对象（鸡肉）的方法。

常用的 AOP 代码增强主要包括：前置增强、后置增强、环绕增强、异常增强几种。

1）前置增强（Before Advice）：在某连接点之前执行的增强，但这个增强不能阻止连接点之前的执行流程（除非它抛出一个异常）。

2）后置增强（After Returning Advice）：在某连接点正常完成后执行的增强。例如，一个方法没有抛出任何异常，正常返回。

3）异常增强（After Throwing Advice）：在方法抛出异常退出时执行的增强。

4）最终增强[After (Finally) advice]：当某连接点退出的时候执行的增强（不论是正常返回还是异常退出）。

5）AOP 环绕增强（Around Advice）：包围一个连接点的增强，如方法调用。这是最强大的一种增强类型。环绕增强可以在方法调用前后完成自定义的行为。它也会选择是否继续执行连接点或直接返回它自己的返回值或抛出异常来结束执行。

这五种类型的增强，在内部调用时按如下方式组织：

```
try {
    调用前置增强
    环绕前置处理
    调用目标对象方法
    环绕后置处理
    调用后置增强
} catch(Exception e) {
    调用异常增强
```

```
} finally {
    调用最终增强
}
```

在 Spring 中目前有三种实现 AOP 的方法，第一种方法是早期的实现方式，需要先实现 Spring 提供的一系列接口：

org.springframework.aop.MethodBeforeAdvice;	//前置增强
org.springframework.aop.AfterReturningAdvice;	//后置增强
org.springframework.aop.ThrowsAdvice;	//异常增强
org.springframework.aop.AfterAdvice;	//最终增强
org.aopalliance.intercept.MethodInterceptor;	//环绕增强

并实现接口中相应的方法，然后在 Spring 文件中使用<aop:config>等标记进行配置，方法比较繁琐，不推荐使用。这里介绍第二种方法，以注解的方式来实现。

5.3.4 使用注解实现 AOP

使用注解方式实现 AOP 之前，我们先了解一下 AspectJ。AspectJ 是一个面向切面的框架，它扩展了 Java 语言，定义了 AOP 语法，能够在编译期提供代码的注入。Spring 通过集成 AspectJ 实现了以注解的方式定义增强类，大大减少了配置文件中的工作量。

1. 案例需求

来看一个案例，它业务需求如下：在登录的方法前面输出日志，如张三开始登录时，在登录方法的后面输出提示日志，即张三登录成功或是失败。我们使用注解定义前置增强和后置增强来实现日志功能。

2. 开发步骤

1）创建 Java 项目 spring-aop-1，添加 Spring 框架，项目的结构如图 5-12 所示。所有需要的包可以到 http://search.maven.org/网站去搜索，这是 maven 的 JAR 仓库，几乎可以找到所有 Java EE 常用的包。

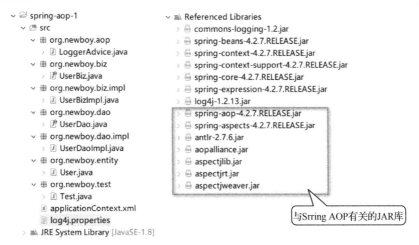

图 5-12　项目的结构

2）各个类的代码如下，注意看代码的注释。

● User.java：

```java
package org.newboy.entity;
/**
 * 用户实体类对象
 */
public class User {
    private int id;                                      //主键
    private String name;                                 //用户名
    private String password;                             //密码
    public User(int id, String name, String password) {  //带全参的构造方法
        super();
        this.id = id;
        this.name = name;
        this.password = password;
    }
    public User() {                                      //默认无参构造方法
        super();
    }
    //getter 和 setter 方法省略
}
```

● UserDao 数据访问接口：

```java
package org.newboy.dao;
import org.newboy.entity.User;
/**
 * 用户 DAO 的接口
 */
public interface UserDao {
    /**
     * 通过名字和密码查询用户
     */
    public User findUser(String name,String password);
}
```

● UserDaoImpl 数据访问实现类：

```java
package org.newboy.dao.impl;
import org.newboy.dao.UserDao;
import org.newboy.entity.User;
/**
 * 用户 DAO 的实现类
 */
public class UserDaoImpl implements UserDao {
    @Override
    public User findUser(String name, String password) {
        if ("张三".equals(name) && "123".equals(password)) {
            //假设从数据库中查出
```

```java
            return new User(1000, "张三", "123");
        } else {
            return null;
        }
    }
}
```

- UserBiz.java 业务接口：

```java
package org.newboy.biz;
import org.newboy.entity.User;
/**
 * 用户的业务接口
 */
public interface UserBiz {
    /**
     * 登录的方法
     * @param name 用户名
     * @param password 密码
     * @return 登录成功返回 User 对象，登录失败返回 null
     */
    public User login(String name,String password);
}
```

- UserBizImpl.java 业务实现类：

```java
package org.newboy.biz.impl;
import java.util.Random;
import org.newboy.biz.UserBiz;
import org.newboy.dao.UserDao;
import org.newboy.entity.User;
/**
 * 用户业务类的实现
 */
public class UserBizImpl implements UserBiz {
    private UserDao userDao;         //依赖于 userDao 对象
    //通过 set 方法注入
    public void setUserDao(UserDao userDao) {
        this.userDao = userDao;
    }
    @Override
    public User login(String name, String password) {
        try {
            //这里随机产生 1 个 4 秒以内的暂停，模拟现实中的登录操作
            Thread.sleep(new Random().nextInt(4000));
            System.out.println("业务方法 login 运行，正在登录...");
        } catch (InterruptedException e) {
            e.printStackTrace();
        }
```

```
            return userDao.findUser(name, password);
        }
}
```

● LoggerAdvice.java 切面类:

```java
package org.newboy.aop;
import java.sql.Timestamp;
import org.apache.log4j.Logger;
import org.aspectj.lang.JoinPoint;
import org.aspectj.lang.annotation.AfterReturning;
import org.aspectj.lang.annotation.Aspect;
import org.aspectj.lang.annotation.Before;

/** 需要注入的日志切面类 */
@Aspect
public class LoggerAdvice {
    //log4j 日志类
    Logger logger = Logger.getLogger(LoggerAdvice.class);
    //后置增强
    @AfterReturning(pointcut = "execution(* org.newboy.biz..*.*(..))", returning = "ret")
    public void afterReturning(JoinPoint join, Object ret) {
        String method = join.getSignature().getName();
        Object[] args = join.getArgs();
        if ("login".equals(method)) {
            if (ret != null) {
                logger.info(new Timestamp(System.currentTimeMillis()) + " " + args[0] + "登录成功");
            } else {
                logger.info(new Timestamp(System.currentTimeMillis()) + " " + args[0] + "登录失败");
            }
        }
    }
    //前置增强
    @Before(value="execution(* org.newboy.biz..*.*(..))")
    public void methodBefore(JoinPoint join) {
        String method = join.getSignature().getName();
        Object[] args = join.getArgs();
        if ("login".equals(method)) {
            logger.info(new Timestamp(System.currentTimeMillis()) + " " + args[0] + "开始登录");
        }
    }
}
```

解释一下 LoggerAdvice 类中使用到的几个注解。

① @Aspect：放在类的上面，表示这个类在 Spring 容器中是一个切点，要注入的类。

② @Before：前置增强，有以下两个参数。

参数 value：该成员用于定义切点。

execution(* org.newboy.biz..*.*(..))：切点函数，告诉 Spring 哪些地方进行前置增强的注入。

通配符的作用如下。
- *：匹配任意字符，但它只能匹配一个元素。
- ..：匹配任意字符，可以匹配多个元素，表示类时，必须和*一起使用，表示参数时，可单独使用。
- +：表示按类型匹配指定类的所有类，仅能跟在类名后面。

execution(* org.newboy.biz..*.*(..))的含义：括号中第1个*表示返回值，..*表示包和所有的子包，.*表示所有的类，(..)表示所有的参数。整个表达式的意思是，org.newboy.biz 包和子包中所有的类、所有的方法、方法的参数为任意类型，方法的返回类型为任意值，都可以适用。

又如：execution(* org..*.*Dao.find*(..)) 表示匹配包名前缀为 org 的任何包下类名后缀为 Dao 的方法，方法名以 find 为前缀，即 org.newboy.UserDao#findById()就是匹配的。

参数 argNames：当想在切点方法内得到调用方法的入参等时，就必须通过这个成员指定注解所标注增强方法的参数名，两个名称必须完全相同，多个参数名用逗号分隔。也可以像代码中写的一样，在 methodBefore(JoinPoint join)中带一个 JoinPoint 参数，这个参数对象 Spring 会自动注入，通过这个对象可以得到业务方法的各种属性。例如，String method = join.getSignature().getName(); 就可以得到业务调用方法的方法名。

③ @AfterReturning：后置增强，有以下 4 个成员。

value：该成员用于定义切点。

pointcut：表示切点的信息，如果指定 pointcut 值，将覆盖 value 的值，可以理解它们的作用是相同的。

returning：将目标对象方法的返回值绑定给增强的方法；这个名称也要与实际返回的变量名相同。

argNames：同上。

④ @Around：环绕增强，有两个成员——value 和 argNames，其含义同上。

⑤ @AfterThrowing：抛出增强，拥有以下 4 个成员。

value、pointcut、argNames 的含义同上。

throwing：将抛出的异常绑定到增强方法中。

⑥ @After：final 增强，不管是抛出异常或是正常退出，该增强都会得到执行，其有以下两个成员。

value、argNames：功能同上。

3）配置 applicationContext.xml，在 XML 文件头部添加 aop 命名空间，以使用与 aop 相关的标签。同时，因为我们的代码中用到了 p 的方式注解，所以也加了 p 命名空间。

```xml
<?xml version="1.0" encoding="UTF-8"?>
<beans xmlns="http://www.springframework.org/schema/beans"
    xmlns:xsi="http://www.w3.org/2001/XMLSchema-instance"
    xmlns:p="http://www.springframework.org/schema/p"
    xmlns:aop="http://www.springframework.org/schema/aop"
    xsi:schemaLocation="http://www.springframework.org/schema/beans
http://www.springframework.org/schema/beans/spring-beans-4.2.xsd
http://www.springframework.org/schema/aop
http://www.springframework.org/schema/aop/spring-aop-4.2.xsd">
    <!-- 日志记录类(需要注入的方法：水果和蔬菜) -->
```

```xml
<bean id="loggerAdvice" class="org.newboy.aop.LoggerAdvice" />
<!-- 业务类(鸡肉)，通过 p 注入 DAO 类 -->
<bean id="userBiz" class="org.newboy.biz.impl.UserBizImpl"
    p:userDao-ref="userDao" />
<!-- 数据访问类 -->
<bean id="userDao" class="org.newboy.dao.impl.UserDaoImpl" />
<!-- 注入使用注解定义的增强，需要引入 aop 命名空间 -->
<aop:aspectj-autoproxy />
</beans>
```

上面的配置将所有的 JavaBean 加入到 Spring 容器中，并把 userDao(数据访问对象)类注入给业务对象 userBiz。其中，最重要的一句是 <aop:aspectj-autoproxy />，表示所有的 aop 自动代理，通过注解的方式注入。

测试类的代码和 log4j 的代码如下。

- Test.java 测试类：

```java
package org.newboy.test;
import org.newboy.biz.UserBiz;
import org.springframework.context.ApplicationContext;
import org.springframework.context.support.ClassPathXmlApplicationContext;
public class Test {
    public static void main(String[] args) {
        ApplicationContext ctx = new ClassPathXmlApplicationContext("applicationContext.xml");
        //得到业务类
        UserBiz userBiz = (UserBiz) ctx.getBean("userBiz");
        //运行业务登录方法
        userBiz.login("张三", "123");
    }
}
```

- log4j.properties 的代码：

```
#to console#
log4j.appender.stdout=org.apache.log4j.ConsoleAppender
log4j.appender.stdout.Target=System.out
log4j.appender.stdout.layout=org.apache.log4j.PatternLayout
log4j.appender.file.layout.ConversionPattern=%m%n
#fatal/error/warn/info/debug#
log4j.rootLogger=info, stdout
```

3. 运行结果

```
2014-10-11 11:48:12.563 张三开始登录
业务方法 login 运行，正在登录...
2014-10-11 11:48:13.514 张三登录成功
```

如果把 userBiz.login("张三", "123");这一行代码换成 userBiz.login("李四", "12345")，则会发现运行结果如下：

```
2014-10-11 12:12:41.752 李四开始登录
```

业务方法 login 运行，正在登录...
2014-10-11 12:12:43.537 李四登录失败

在业务类的代码运行的时候，在这个方法的前面和后面各输出了日志的内容，这就是代码的注入。开发的时候业务代码和日志代码是分开写的，有利于分工，也有利于把关注点放在业务类上，这就是 AOP 带来的效果。

5.4 Spring 注解管理 IoC

5.4.1 使用注解的方式管理 JavaBean

Spring 的 applicationContext.xml 配置文件中随着 JavaBean 开发数量的添加，在配置文件中的<bean>标记也会越来越多，配置文件也越来越庞大。几乎每写一个 JavaBean 代码，Spring 中就需要配置 1 项。

在 Spring 中加了注解的方式来管理容器中的 JavaBean，可以极大地减少 applicationContext.xml 配置文件中的代码，Spring 提供通过扫描类路径中的特殊注解类来自动注册 Bean 定义的功能。注解方式将 Bean 的定义信息和 Bean 实现类结合在一起，Spring 提供的注解有以下几种。

@Component：通用注解，可以用在任何一个类上，表示该类定义为 Spring 管理 Bean，使用默认 value（可选）属性表示 Bean 标识符。
@Repository：用于标注 DAO 类，使用方法与@Component 相同。
@Service ：用于标注业务类，使用方法与@Component 相同。
@Controller：用于标注控制器类，使用方法与@Component 相同。
@Autowired：注解实现 Bean 的自动注入，默认按类型进行匹配。这个注解是 Spring 提供的。
@Resource 的作用相当于@Autowired，只不过@Autowired 按 byType 自动注入，而@Resource 默认按 byName 自动注入，这个注解是由 Java JDK 自带的。
@Qualifier：按指定名称匹配进行注入。
@Scope：注解指定 Bean 的作用域。

5.4.2 案例：使用注解的 IoC

案例需求

以上面的用户登录并记录日志作为案例，这次改用 Spring 注解的方式管理 JavaBean，AOP 增强处理改成环绕增强，增强处理的修改不是必需的，之所以改是想同时介绍一下环绕增强代码的写法，运行效果也和上面的用户登录是相同的。

将上面写的代码复制一份并重命名为 spring-aop-2，在一个新的项目中操作。项目结构完全一样，需要变动的类如下。

● UserBizImpl 业务实现类：

```
package org.newboy.biz.impl;

import java.util.Random;
```

```java
import org.newboy.biz.UserBiz;
import org.newboy.dao.UserDao;
import org.newboy.entity.User;
import org.springframework.beans.factory.annotation.Autowired;
import org.springframework.stereotype.Service;

/**
 * 用户业务类的实现
 */
@Service("userBiz")
public class UserBizImpl implements UserBiz {
    @Autowired
    private UserDao userDao; //这次连 set 方法都没有

    @Override
    public User login(String name, String password) {
        try {
            //这里随机产生1个4秒以内的暂停，模拟现实中的登录操作
            Thread.sleep(new Random().nextInt(4000));
            System.out.println("业务方法 login 运行，正在登录...");
        } catch (InterruptedException e) {
            e.printStackTrace();
        }
        return userDao.findUser(name, password);
    }
}
```

UserBizImpl 业务类上加了 @ Service 注解，("userBiz")中间的字符串相当于<bean>标记的 id，即当前类在 Spring 容器中的 id 名为 userBiz，方便其他类引用或注入。 @ Autowired 即自动注入 userDao 类，它是按类型匹配的模式去找 JavaBean 中实现 UserDao 接口的对象进行自动注入，注意，是写在 userDao 的属性名上，而不是 set 方法上，而且这次连 set 方法都没用。

● UserDaoImpl 数据访问层实现类：

```java
package org.newboy.dao.impl;

import org.newboy.dao.UserDao;
import org.newboy.entity.User;
import org.springframework.stereotype.Repository;

/**
 * 用户 DAO 的实现类
 */
@Repository("userDao")
public class UserDaoImpl implements UserDao {
    @Override
    public User findUser(String name, String password) {
        if ("张三".equals(name) && "123".equals(password)) {
```

```java
            //假设从数据库中查出
            return new User(1000, "张三", "123");
        } else {
            return null;
        }
    }
}
```

@Repository("userDao")用在 DAO 类上面，"userDao"表示这个类在 Spring 容器中的 id，使用方法类似。

- LoggerAdvice 切面类：

```java
package org.newboy.aop;

import java.sql.Timestamp;

import org.apache.log4j.Logger;
import org.aspectj.lang.ProceedingJoinPoint;
import org.aspectj.lang.annotation.Around;
import org.aspectj.lang.annotation.Aspect;
import org.springframework.stereotype.Component;

/**
 * 日志记录类(需要注入的方法：水果和蔬菜)
 */
@Aspect
@Component("loggerAdvice")
//放在 Spring 容器中，id 名为 loggerAdvice
public class LoggerAdvice {
    //log4j 日志类
    Logger logger = Logger.getLogger(LoggerAdvice.class);
    //这次试一下环绕通知(切点函数中的..*换成了.*)
    @Around("execution(* org.newboy.biz.*.*(..))")
    public Object aroundLogger(ProceedingJoinPoint joinPoint) throws Throwable {
        String methodName = joinPoint.getSignature().getName();
        Object[] args = joinPoint.getArgs();
        //方法运行前
        if ("login".equals(methodName)) {
            logger.info(new Timestamp(System.currentTimeMillis()) + " " + args[0] + "开始登录");
        }
        //运行方法
        Object result = joinPoint.proceed();
        //方法运行后
        if ("login".equals(methodName)) {
            if (result != null) {
                logger.info(new Timestamp(System.currentTimeMillis()) + " " + args[0] + "登录成功");
            } else {
                logger.info(new Timestamp(System.currentTimeMillis()) + " " + args[0] + "登录失败");
```

```
            }
        }
        return result;
    }
}
```

这个类变动比较大,因为把前面的前置增强和后置增强换成了环绕增强。@Component 即表示这是一个普通的 JavaBean,这个注解可以通用。

@Around("execution(* org.newboy.biz.*.*(..))") 即环绕通知,切点函数中的..*换成了.*,表示只包含当前包,不包含子孙包,其在此的运行效果是一样的。当然,不换也是可以的。

代码 Object result = joinPoint.proceed();表示调用目标的方法,如果没有运行此句,则目标的方法不被调用,所以我们可以在代码中通过环绕通知有条件的控制目标方法是否运行。变量 result 即方法的返回值。

● applicationContext.xml 的配置中内容少了很多。

```xml
<?xml version="1.0" encoding="UTF-8"?>
<beans xmlns="http://www.springframework.org/schema/beans"
    xmlns:xsi="http://www.w3.org/2001/XMLSchema-instance"
    xmlns:aop="http://www.springframework.org/schema/aop"
    xmlns:context="http://www.springframework.org/schema/context"
    xsi:schemaLocation="
        http://www.springframework.org/schema/beans
        http://www.springframework.org/schema/beans/spring-beans-4.2.xsd
        http://www.springframework.org/schema/aop
        http://www.springframework.org/schema/aop/spring-aop-4.2.xsd
        http://www.springframework.org/schema/context
        http://www.springframework.org/schema/context/spring-context-4.2.xsd">
<!-- 注入使用注解定义的增强,需要引入 aop 命名空间 -->
<aop:aspectj-autoproxy />
<!-- 所有基包是 org.newboy 下面所有的类将由 Spring 容器扫描是否添加到容器中 -->
<context:component-scan base-package="org.newboy"/>
</beans>
```

<context:component-scan base-package="org.newboy"/>这一句表示 org.newboy 下面所有的类将由 Spring 容器扫描,如果有注解,则加到 Spring 的容器中。此时会发现 Spring 容器中一个<bean>的标记都没有了。

同时,要注意<beans>标记的头部信息发生了变化,加入了 context、aop 等空间,因为没有用到 p 的标识的注入,所以这里把 p 空间也删除了,如果要用到,则也可以保留。

其他类没有任何变化,运行 Test 类的结果如下:

```
2014-10-14 11:10:17.374 张三开始登录
业务方法 login 运行,正在登录...
2014-10-14 11:10:21.085 张三登录成功
```

此时会发现运行结果是相同的,这就是 Spring 注解管理 JavaBean 带来的好处,后期可以减少不少工作量,减少 Spring 的 XML 配置代码。

本章总结

这一章先学习了 Spring 的两个重要特性：IoC 和 AOP。这是 Spring 框架最核心最基础的技术，Spring 后面一切的技术都是基于这两个特性的。其中，AOP 的实现原理使用了动态代理模式。本章也学习了代理模式，最后讲解了使用注解的方式管理 Spring 容器中的 JavaBean。通过这一章的学习，我们进入了 Spring 的殿堂，这只是 Spring 框架学习的开始，它是一个庞大的框架。它的目标是让一切 Java EE 的开发都离不开 Spring 框架。目前，它使得这个目标变得越来越现实。

练习题

简答题

1. Spring 的优点是什么？为什么要使用 Spring 框架？
2. 什么是 DI 机制？
3. 什么是 AOP？
4. AOP 的实现原理什么？

第 6 章

Spring MVC 入门

上一章，我们学习了 Spring 框架最核心的部分。Spring 框架可以说是企业开发中技术体系最全面的一个框架群，围绕着 Spring Framework 已经有了完整的技术体系。目前，基于 Web 的 MVC 框架非常多，发展也很快，如 JSF、Struts 1、Struts 2 和 Spring MVC 等。Struts 1.x 框架在 2001 年出现之后成为主流，之后陆续出现了 Struts 2 和 JSF 等框架。Struts 2 出现后，从架构上说，它是一款非常优秀的软件，几乎成了 Java EE 开发的 MVC 框架的事实标准。但是由于 Struts 2 团队基本不再对其进行更新，只发布补丁，随着时间的推移，特别是 2010 年之后，Struts 2 陆续曝出了多个漏洞，很多网络安全和开发团队都发出了类似的建议：鉴于 Struts 2 至今为止已经多次曝出严重的高危漏洞，如果不是必要，建议开发者以后考虑采用其他类似的 Java 开发框架。所以广大的开发者将目光移向了 Spring MVC。Spring MVC 是后起之秀，从应用上来说要复杂一些，但是它基于 Spring 进行开发，继承了 Spring 的优秀特点，所以成为采用率最高的 Java EE Web MVC 框架。

6.1 第 1 个 Spring MVC 程序

首先，通过一个简单的例子体验一下 Spring MVC。

步骤：

1）获取 Spring 框架的 JAR 库文件。

Spring 的下载。截止到 2017 年 12 月，Spring Framework 已发布的稳定版本（GA 版）为 Spring 5.02，如图 6-1 所示。

Spring 官方网站改版后，建议通过 Maven 和 Gradle 下载，对不使用 Maven 和 Gradle 开发项目的，可以通过 Spring Framework JAR 官方直接下载，路径下载为

http://repo.springsource.org/libs-release-local/org/springframework/spring/

对于下载的 ZIP 文件，可以直接解压缩在本地文件夹中。由于 Spring 框架的包的深度特别

深，造成解压后的文件夹名称超过了 WinRAR 或 WinZIP 软件的最长范围，在 Windows 操作系统下可能会导致解压失败，如果解压过程中出现问题，则可以使用开源软件 7zip 来解压。

图 6-1 Spring 框架下载

解压完成后在文件夹中找到 libs 文件夹，有 63 个后缀名为.jar 的文件。

仔细观察，63 个文件中其实是每一个主题有 3 个，如核心包

spring-core-5.0.2.RELEASE.jar
spring-core-5.0.2.RELEASE-javadoc.jar
spring-core-5.0.2.RELEASE-sources.jar

其中，文件名结尾为 javadoc 的也就是 Java 根据注释自动生成的文档，sources 是源代码文件。

可以将所有的 JAR 文件导入到 Web 项目中。最简单的方法是将其直接复制到项目的 WebRoot 的 lib 文件夹中。

如果使用 MyEclipse 2014 开发工具，则可以使用 MyEclipse 内置的 Spring 包。但是版本稍低一些，现在 MyEclipse 2014 中集成的是 Spring 3.1，但这并不影响我们的学习。Spring 5.x 主要升级在于集成了 Spring Boot 模块，其启动方式上有很大的差别。对于初学者来说，Spring 3.x 更容易上手。所以以下的学习依然采用 MyEclipse 2014+Spring 3.x 的方式来入门。工具和版本更新换代会很快，但是 Spring 框架的思想和原理是稳定的，熟练掌握之后一定受益良多。

2）在 Web 项目中加入 Spring 框架。

通过 MyEclipse 2014 新建 1 个 Web 项目，名为 ssmBook_ch6。在新建的 Web 项目中加入 Spring 框架，加入时同时选中 Spring Web 模块以便支持 Spring MVC，如图 6-2 所示。

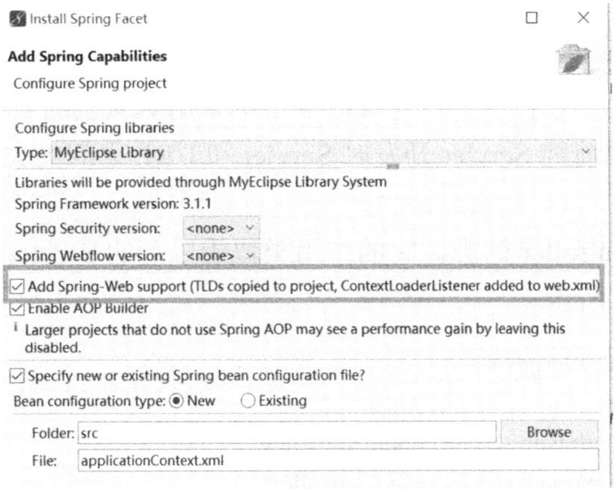

图 6-2 MyEclipse 添加 Spring MVC

3）配置 DispatchServlet 和对应的 Servlet。

接下来在项目的 web.xml 配置文件中加入 DispatchServlet 的配置，如图 6-3 所示。

这里可以将 Servlet 命名为 springapp，用户可以自由定义，但是后续的定义都要修改成自定义的名称。由于 Spring MVC 采用了约定优先于配置的方式，因此它会根据这里的 Servlet 名称，加上-servlet.xml 的后缀，来查找一个名为 springapp-servlet.xml 的配置文件。

```
web.xml
<?xml version="1.0" encoding="UTF-8"?>
<web-app xmlns:xsi="http://www.w3.org/2001/XMLSchema-instance"
    xmlns="http://java.sun.com/xml/ns/javaee"
    xsi:schemaLocation="http://java.sun.com/xml/ns/javaee http://java.sun.com/xml/ns/java
    id="WebApp_ID" version="3.0">

    <servlet>
        <servlet-name>springapp</servlet-name>
        <servlet-class>org.springframework.web.servlet.DispatcherServlet</servlet-class>
        <load-on-startup>1</load-on-startup>
    </servlet>
    <servlet-mapping>
        <servlet-name>springapp</servlet-name>
        <url-pattern>*.html</url-pattern>
    </servlet-mapping>
```

图 6-3　web.xml 配置

在与 web.xml 文件相同的位置，新建 1 个名为 springapp-servlet.xml 的 XML 文件。

这个 springapp-servlet.xml 配置文件中定义了用户请求的路径和对应的控制器的映射关系，如图 6-4 所示。

```
springapp-servlet.xml    HelloController.java    hello.jsp
<?xml version="1.0" encoding="UTF-8"?>
<beans
    xmlns="http://www.springframework.org/schema/beans"
    xmlns:xsi="http://www.w3.org/2001/XMLSchema-instance"
    xmlns:p="http://www.springframework.org/schema/p"
    xsi:schemaLocation="http://www.springframework.org/schema/beans http://www.springframework.org/schema/beans/spring-beans-3.1.xsd">

    <!-- 定义用户请求路径和对应的响应处理类之间的关系 -->
    <bean name="/hello.htm" class="org.newboy.web.HelloController"/>

</beans>
```

图 6-4　springapp-servlet.xml 配置

在这个配置文件中，核心的语句是

```
<bean name="/hello.htm" class="org.newboy.web.HelloController"/>
```

它告诉 spring，当用户请求的路径是 hello.htm 时，用对应包的 HelloController 类来处理用户的请求。它用来取代以前纯 Servlet 开发时 Servlet 和 URL 之间的关系映射。

4）创建控制器类。

接下来创建 HelloController 的类。它的作用类似于以前的 Servlet。

代码如程序清单 6-1 所示。

```
//程序清单 6-1 HelloController.java
package org.newboy.web;
import org.springframework.web.servlet.ModelAndView;
import org.springframework.web.servlet.mvc.Controller;

public class HelloController implements Controller {
```

```
//返回 ModelAndView 对象
public ModelAndView handleRequest(HttpServletRequest request,
        HttpServletResponse response)
            throws ServletException, IOException {
    //向 request 域中放入 1 条信息,给前端 JSP 用
    request.setAttribute("message", "hello,Spring MVC");
    //返回 JSP 的路径
    return new ModelAndView("hello.jsp");
}
}
```

这个控制器类比原始的 Servlet 简洁,它继承了 Controller 接口,并实现了 handleRequest 方法。handleRequest 方法的 2 个参数就是原始的 HttpServletRequest 和 HttpServletResponse。为了演示效果,我们使用 request 放入了一个字符串信息,然后在 hello.jsp 页面中显示出这个字符串。

5)建立 JSP 文件。

在 WebRoot 文件夹下新建 hello.jsp 文件,内容非常简单:

```
<%@ page language="java" import="java.util.*" pageEncoding="UTF-8"%>
<html>
  <head>
    <title>hello jsp 页面</title>
  </head>
  <body>
      显示服务器信息如下:${requestScope.message }
  </body>
</html>
```

其目的是显示 HelloController 类中放入的信息,可以直接用 EL 显示出来。

6)部署运行。

将项目部署到 Tomcat 服务器,启动 Tomcat,在浏览器中输入如下地址:http://localhost:8080/ssmBook_ch6/hello.htm。结果如图 6-5 所示。

图 6-5 第一个 Spring MVC 运行结果

此时,Spring MVC 就成功运行了!

6.2 Spring MVC 程序运行原理

通过第一个 Spring MVC 程序的运行来介绍它的运行流程。

1)用户通过浏览器发出请求。

2）web.xml 中 DispatchServlet 拦截*.htm 的请求。

3）在与 web.xml 相同的路径下查找该 Serlvet 对应的 Spring 配置文件，此案例中为 springapp-servlet.xml。

4）根据 springapp-servlet.xml 配置文件中的 beanName，找到对应的处理请求的类。对于刚才的案例来说，对于请求 hello.htm 用 HelloController 类来响应该请求。

5）在 HelloController 类中的方法 handleRequest，它的作用类似于纯 Servlet 中的 doGet 或者 doPost。注意，它的返回值是一个 Spring MVC 中的对象 ModelAndView。顾名思义，这个对象可以用来封装模型和视图。Hello.jsp 就是默认的 JSP 页面的名称。这里直接返回页面的名称是不可取的，本章后面将会介绍更合理的方式。

图 6-6 所示为 Spring MVC 的工作原理。

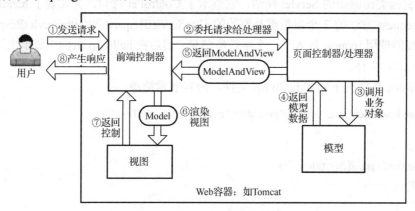

图 6-6　Spring MVC 工作原理图

在程序清单 6-1 的 HelloController 类中，handleRequest 方法返回的是一个 JSP 页面的名称。在实际案例中，我们会改为程序清单 6-2 所示内容。

```java
//代码清单 6-2  HelloController.java
package org.newboy.web;
import org.springframework.web.servlet.ModelAndView;
import org.springframework.web.servlet.mvc.Controller;

public class HelloController implements Controller {

    //返回 ModelAndView 对象
    public ModelAndView handleRequest(HttpServletRequest request,
            HttpServletResponse response)
            throws ServletException, IOException {
        //向 request 域中放入 1 条信息，给前端 JSP 用
        request.setAttribute("message", "hello,Spring MVC");
        //返回 JSP 的路径
        return new ModelAndView("hello");//和代码清单 6-1 的唯一区别！
    }
}
```

在以上代码中，**return new** ModelAndView("hello")，它返回的是 1 个 hello 而不是 1 个 hello.jsp

的文件，为了让程序正常工作，我们必须要在 springapp-servlet.xml 中加入 hello 的对应视图的解析方式，通俗地说就是 hello 对应的是哪个文件？Spring MVC 通过配置文件给"hello"加上前缀和后缀来指定唯一的物理文件。以下是修改后的 springapp-servlet.xml 文件内容：

```xml
<?xml version="1.0" encoding="UTF-8"?>
<beans xmlns="http://www.springframework.org/schema/beans" xmlns:xsi="http://www.w3.org/2001/XMLSchema-instance" xmlns:p="http://www.springframework.org/schema/p"
    xsi:schemaLocation="http://www.springframework.org/schema/beans
http://www.springframework.org/schema/beans/spring-beans-3.1.xsd">
    <!-- 定义用户请求路径和对应的响应处理类之间的关系 -->
    <bean name="/hello.htm" class="org.newboy.web.HelloController" />
    <!-- 配置一个视图解析器 -->
    <bean class="org.springframework.web.servlet.view.InternalResourceViewResolver">
        <property name="prefix" value="/WEB-INF/jsp/" />
        <property name="suffix" value=".jsp" />
    </bean>
</beans>
```

为了让大家看得清楚，这里做了截图，参见图 6-7。

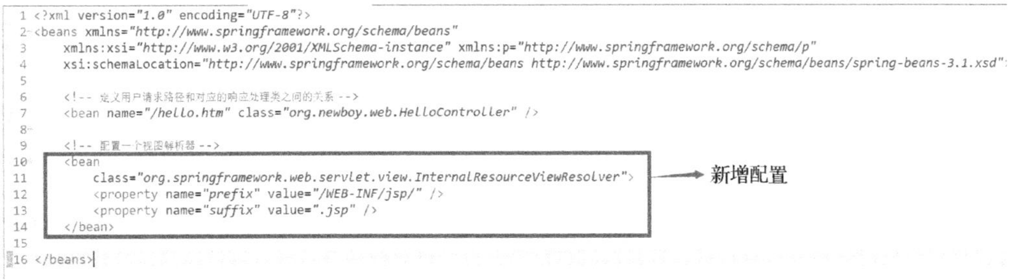

图 6-7 增加视图解析器

这样 hello 就会对应到 ssmBook_ch6/WebRoot/WEB-INF/jsp/hello.jsp 文件，当然，文件位置也要有对应变化，要把 JSP 文件放到 WEB-INF 文件夹中。这样比较合理，也有更好的安全性，因为用户是无法直接访问 Tomcat 服务器下的项目中的 WEB-INF 下的文件夹的，可以起到一定的保护作用。

图 6-8 和图 6-9 是文件位置的变化对比图。

图 6-8 原文件位置

图 6-9 新的文件位置

6.4 Spring MVC 的体系结构

下面详细介绍 Spring MVC 的体系结构。图 6-10 是其体系结构图。

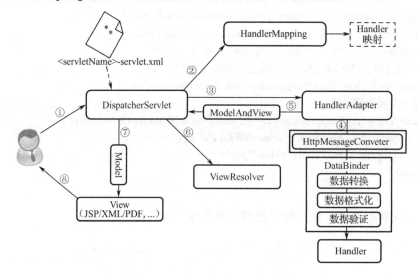

图 6-10　Spring MVC 体系结构图

分析以上体系结构图，可以看到其整体流程如下。

1）当用户向服务器发送请求时，请求被 Spring 前端控制器 Servelt 名为 DispatcherServlet 捕获。

2）DispatcherServlet 对请求 URL 进行解析，得到请求资源标识符（URI）；根据该 URI，调用 HandlerMapping 获得该 Handler 配置的所有相关的对象（包括 Handler 对象以及 Handler 对象对应的拦截器）；以 HandlerExecutionChain 对象的形式返回。

3）DispatcherServlet 根据获得的 Handler，选择一个合适的 HandlerAdapter。（附注意：成功获得 HandlerAdapter 后，将开始执行拦截器的 preHandler(...) 方法。）

4）提取 Request 中的模型数据，填充 Handler 入参，开始执行 Handler（Controller）。在填充 Handler 的入参过程中，根据用户的配置，Spring 将帮用户做一些额外的工作：

① HttpMessageConveter：将请求消息（如 JSON、XML 等数据）转换成一个对象，将对象转换为指定的响应信息。

② 数据转换：对请求消息进行数据转换。如 String 转换成 Integer、Double 等。

③ 数据格式化：对请求消息进行数据格式化。如将字符串转换成格式化数字或格式化日期等。

④ 数据验证：验证数据的有效性（长度、格式等），验证结果存储到 BindingResult 或 Error 中。

5）Handler 执行完成后，向 DispatcherServlet 返回一个 ModelAndView 对象。

6）根据返回的 ModelAndView，选择一个适合的 ViewResolver（必须是已经注册到 Spring 容器中的 ViewResolver）返回给 DispatcherServlet。

7）ViewResolver 结合 Model 和 View 来渲染视图。

8）将渲染结果返回给客户端。

本章总结

本章中，学习了如何利用 Spring MVC 框架开发 Java Web 程序。Spring MVC 的核心组件是 DispatcherServlet，它相当于战争中的总司令部，负责所有的请求调度和分发。本章通过一个入门的程序让大家对 Spring MVC 有了基本的了解，下一章将会介绍基于注解的方式如何配置 Spring MVC。

练习题

简答题
1．请描述 Spring MVC 框架的优点。
2．请画图描述 Spring MVC 框架的请求响应过程。
3．查询相关资料，了解 ModelAndView 对象。

第 7 章

Spring MVC 注解

上一章，我们学习了 Spring MVC 入门，使我们对 Spring MVC 有了基本的了解。我们采用了传统的 XML 配置形式来配置控制器。随着现在基于注解的方式在 Java EE 项目中的逐渐流行，Spring MVC 2.5 之后也支持基于注解的方式来配置控制器。

7.1 基于注解的控制器配置

第一步和第 6 章的基于 XML 配置是一样的，加入 Spring MVC 的包，并在项目的 web.xml 配置文件中加入 DispatchServlet 的配置。

在与 web.xml 文件相同的位置，新建 1 个名为 springapp-servlet.xml 的 XML 文件。

springapp-servlet.xml 配置文件中定义了用户请求的路径和对应的控制器的映射关系。

1. 修改控制器类

接下来要修改之前的 HelloController 的类。为了和第 6 章的 HelloController 区分，这里将这个类定义为 HelloController2。

代码如下所示。

```
//程序清单：HelloController2.java
import org.springframework.stereotype.Controller;
import org.springframework.web.bind.annotation.RequestMapping;

//控制器注解
@Controller
public class HelloController2{

    //返回 ModelAndView 对象
    @RequestMapping(value="/helloController2")
    public ModelAndView handleRequest(HttpServletRequest request,
            HttpServletResponse response)
```

```
        throws ServletException, IOException {
    //向 request 域中放入 1 条信息，给前端 JSP 用
    request.setAttribute("message", "hello,springmvc");
    //返回 JSP 的路径
    return new ModelAndView("hello");
    }
}
```

这个类和第 6 章的 HelloController 类有以下 2 点不同。

1）类不需要继承其他类，只有@Controller 的注解。

2）handleRequest 方法前有 1 个@RequestMapping(value="/helloController2")注解。

2. 修改 springapp-servlet.xml 文件

添加如图 7-1 所示的内容。

图 7-1 添加对注解的支持

在 MyEclipse 中，可以通过可视化的方式添加 XML 中的命名空间，如图 7-2 所示。打开 springapp-servlet.xml 文件，在图 7-2 的最下方由 Source 切换到 Namespaces 模式，再勾选 context 相关复选框，对应的 springapp-servlet.xml 文件中就会加上图 7-1 所示的 context 命名空间。

图 7-2 可视化添加命名空间

3. 部署运行

将项目部署到 Tomcat 服务器上，启动 Tomcat，在浏览器中输入如下地址：http://localhost:8080/ssmBook_ch7/helloController2.htm。

如果配置正确，能看到和第 6 章一样的 hello.jsp 的页面结果。

在本例中，@RequestMapping(value="/helloController2")中的 value 确定了用户在浏览器访问该控制器的 URL 地址。注意，还要加上.htm 的扩展名才能被 Spring MVC 的 Servlet 拦截。

7.2 Spring MVC 注解详解

7.2.1 @RequestMapping 标注在类上

@RequestMapping 注解除了可以标注在方法上之外，也可以标注在类上，放于@Controller 之后，标注在类上的作用类似于父路径。例如：

```
@Controller
@RequestMapping(value="/user")
public class HelloController2{
    //返回 ModelAndView 对象
    @RequestMapping(value="/helloController2")
    public ModelAndView handleRequest(){
//省略---
        return new ModelAndView("hello");
    }
}
```

访问地址就变为 http://localhost:8080/ssmBook_ch7/**user**/helloController2.htm。

User 变为 HelloController2 的上一级路径，并且无法跳过 user 来访问 helloController2.htm。

访问成功的效果如图 7-3 所示。

图 7-3　@RequestMapping 标注在类名前面

7.2.2 @RequestMapping 注解的属性

RequestMapping 注解中有 7 个属性，从它的源代码中可以看到 7 个属性的名称。

```
public interface RequestMapping extends Annotation {
//指定映射的名称
    public abstract String name();
//指定请求路径的地址
```

```
    public abstract String[] value();
    //指定请求的方式，是一个 RequsetMethod 数组，可以配置多个方法
    public abstract RequestMethod[] method();
    //指定参数的类型
    public abstract String[] params();
    //指定请求数据头信息
    public abstract String[] headers();
    //指定数据请求的格式
    public abstract String[] consumes();
    //指定返回的内容类型
    public abstract String[] produces();
}
```

我们主要演示使用最频繁的 params 和 method 两个参数。

params 参数表示用户传递的参数名，例如：

```
@RequestMapping(value="user/select.htm",params="id")
    public String selectById(String id){
        System.out.println("id:"+id);
        return "redirect:list.htm";
    }
```

当在浏览器中输入地址 http://localhost:8080/ssmBook_ch7/user/select.htm?id=8 时，id=8 的参数和值使用以前的纯 Servlet 方式读取，采用 request.getParameter()方法才能获得值。而 Spring MVC 可以将其自动注入方法中，在服务器可以得到 id 为 8 的值。这是非常有用的一个功能，可以将用户从一次又一次的 request 的枯燥读取多个请求参数中解放出来。

method 参数则指定了只响应指定的请求方式。下面定义一个方法并指定 method 为 get。

```
@RequestMapping(value="user/test.htm",method=RequestMethod.GET)
    public String test(){
        return "test";
    }
```

在位置/WEB-INF/jsp/中新建 1 个文件 test.jsp，主要内容如下：

```
<%@ page language="java" import="java.util.*" pageEncoding="UTF-8"%>
<!DOCTYPE HTML PUBLIC "-//W3C//DTD HTML 4.01 Transitional//EN">
<html>
  <head>
    <title>My JSP 'test.jsp' starting page</title>
  </head>
  <body>
    welcome test.jsp
  </body>
</html>
```

在浏览器中输入如下地址：

http://localhost:8080/ssmBook_ch7/user/test.htm

可以得到图 7-4 所示的结果页面。

图 7-4 test.jsp 页面结果

如果将其注解改为 method=RequestMethod.POST，再次刷新浏览器，Web 服务器将会报告 405 的错误码：Method Not Allowed，如图 7-5 所示。这表示其不允许使用 get 方式来访问，而直接在浏览器中输入地址是以 GET 方式来访问的。

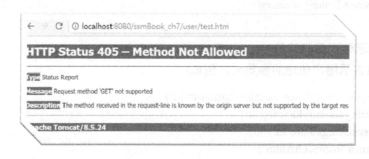

图 7-5 405 错误

为了测试 POST 方式能否正常访问，除了使用表单来设置提交请求的方式之外，还可以使用第三方工具来完成，其中，最著名的工具就是 CURL。

7.2.3 CURL 工具软件

1. CURL 简介

通用统一资源定位符（CommandLine Uniform Resource Locator，CURL）是利用 URL 语法在命令行方式下工作的开源文件传输工具。它被广泛应用在 UNIX、多种 Linux 发行版中，并且有 DOS 和 Windows 32、Windows 64 下的移植版本。它用于测试模拟，向 Web 服务器发送和接收数据非常方便。

2. CURL 下载

下载地址如下：

https://curl.haxx.se/download.html

下载后解压只有 1 个文件——curl.exe。将其放到 D 盘的根目录，在 Windows 的 DOS 窗口中运行它。

CURL 的命令参数非常多，一般要用到下面 4 种参数。

-d/‐data <data>：POST 数据内容。

-X/‐request <command>：指定请求的方法（使用-d 时将自动设为 POST）。

-H/‐header <line>：设定 header 信息。

-I/‐head：只显示返回的 HTTP 头信息。

3. 发送请求

默认 CURL 使用 GET 方式请求数据，这种方式下直接通过 URL 传递数据。

在命令行中输入 CURL 访问地址，如

```
curl http://localhost:8080/ssmBook_ch7/user/test.htm
```

以上默认是以 GET 方式发出的请求，在设置 method=RequestMethod.GET 时可以正确得到返回结果，如图 7-6 所示。

```
D:\>curl http://localhost:8080/ssmBook_ch7/user/test.htm

<!DOCTYPE HTML PUBLIC "-//W3C//DTD HTML 4.01 Transitional//EN">
<html>
  <head>
    <title>My JSP 'test.jsp' starting page</title>
  </head>
  <body>
    welocme test.jsp
  </body>
</html>
```

图 7-6　CURL 返回结果

如果使用 POST 方式请求地址，则参数-d 表示以 POST 方式请求发送数据，命令如下：

```
curl -d 0 http://localhost:8080/ssmBook_ch7/user/test.htm
```

这里的 0 是无意义的发送数据，以避免将 URL 当作数据而不是地址。服务器返回的是 405 的错误代码。如果将这个注解的参数改为 method=RequestMethod.POST，再次进行 POST 请求测试，就可以得到正确的页面代码。

CURL 工具对于将来在开发中测试 Web 服务是很方便的，可以大大提高效率。当然，除了 CURL 之外，还有一些基于浏览器的插件的工具软件，如基于 Chrome 浏览器的 Simple REST Client 和 Postman-REST Client 插件，读者可根据需要自行下载使用。

7.3　应用@RequestMapping 标注方法的案例

在企业开发中，为了减少类的数量，常见的方式是直接将 URL 模式映射到每个处理程序方法中，无须为每个控制器类定义映射。建议将一组处理放到一个类中。

以一个管理俱乐部会员的小型例子来介绍 Spring MVC 的应用。首先要有 Member 实体类和 MemberService 服务接口，用来添加、删除和显示会员。

```
//Member.java 类
package org.newboy.ch7.entity;

public class Member {

    private String mid;//会员 ID
    private String name;
    private String phone;
   private String email;
   public Member() {
    }
```

```java
    public Member(String mid, String name, String phone, String email) {
        this.mid = mid;
        this.name = name;
        this.phone = phone;
        this.email = email;
    }

    //省略 getter 和 setter 方法
}
```

建立会员服务接口,代码如下所示。

```java
//会员服务类接口 MemberService.java
package org.newboy.ch7.service;

import java.util.List;
import org.newboy.ch7.entity.Member;

public interface MemberService {

    public void add(Member member);
    public void remove(String memberName);
    public Member get(String mid);
    public List<Member> list();

}
```

定义 MemberServiceImpl 类实现 MemberService 接口。在这个类中,为了演示存储数据,将会员数据临时保存在了 HashMap 中,在企业产品中应该放在数据库中存储。

```java
@Service
public class MemberServiceImpl implements MemberService {
    //用了 Map 来模拟数据存储
    private static Map<String, Member> members = new HashMap<String, Member>();
    static{
        Member m1 =new Member("1001","张小飞","13988880000","nobody@qq.com");
        Member m2 =new Member("1002","赵小云","13988880001","nobody2@qq.com");
        members.put(m1.getMid(), m1);//会员 ID 作为键
        members.put(m2.getMid(), m2);//会员 ID 作为键}

    public MemberServiceImpl(){
    }
    public void add(Member member) {
        members.put(member.getName(), member);
    }
    public void remove(String memberName) {
        members.remove(memberName);
    }
    public List<Member> list() {
```

```
            return new ArrayList<Member>(members.values());
    }
    @Override
    public Member get(String mid) {
        return members.get(mid);
    }
}
```

会员管理有添加会员、删除会员和显示会员信息三个功能,分别对应不同的请求。以下是详细代码。

```
package org.newboy.web;
//省略 import 语句,完整代码请查看本书电子素材
@Controller
public class MemberController {

    @Autowired
    private MemberService memberService;
    public void setMemberService(MemberService memberService) {
        this.memberService = memberService;
    }

    @RequestMapping(value="user/select.htm",params="id")
    public String selectById(String id){
        System.out.println("id:"+id);
        return "redirect:list.htm";
    }

    @RequestMapping("/user/add.htm")
    public String addMember(Member member){
        //模拟添加会员的服务方法
        System.out.println("添加会员成功......");
        memberService.add(member);
        return "redirect:list.htm";
    }

    @RequestMapping("/user/remove.htm")
    public String removeMember(){
        //模拟删除会员的服务方法
        System.out.println("删除会员成功......");
        return "redirect:list.htm";
    }

    @RequestMapping("/user/list.htm")
    public ModelAndView listMember(){
        //模拟查询并显示会员的服务方法
        System.out.println("显示会员成功......");
        List<Member> memberList =new ArrayList<Member>();
```

```
            memberList=memberService.list();
            //返回视图 list 的对应 list.jsp 文件
            return new ModelAndView("list","memberList",memberList);
    }
}
```

在/WEB-INF/jsp/路径下新建一个 list.jsp 文件，用来显示用户信息。
list.jsp 文件内容如下：

```
<%@ page language="java" import="java.util.*" pageEncoding="UTF-8"%>
<%@taglib   uri="http://java.sun.com/jsp/jstl/core" prefix="c" %>
<html>
  <head>
    <title>list.jsp 页面</title>
  </head>
  <body>
    <div align="center">
    会员信息如下：<br/>
    <table border ="1">
   <thead>
   <tr>
   <td>姓名</td> <td>电话号码</td> <td>电子邮件</td>
   </tr>
   </thead>
    <tbody>
    <c:forEach    items="${ memberList}" var="member">
    <tr>
    <td>${member.name}</td> <td>${member.phone }</td> <td>${member.email }</td>
    </tr>
    </c:forEach>
    </tbody>
     </table>
</div>
</body>
</html>
```

重新刷新项目部署运行，在浏览器中输入如下地址：

http://localhost:8080/ssmBook_ch7/user/list.htm

会得到如图 7-7 所示的结果。

图 7-7　显示结果

在 MyEclipse 的控制台中会显示如图 7-8 所示的结果。

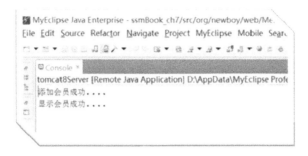

图 7-8　后台服务器显示

这个案例中有几个值得关注的地方：在代码 MemberController 类的 addMember 方法中，最后一行返回的是 redirect:list.htm，它表示以重定向的方式返回 list.htm 地址，将会被 @RequestMapping("/user/list.htm") **public** ModelAndView listMember()所响应，所以控制台会依次显示添加会员成功和显示会员成功的结果。如果用户希望以请求转发的形式来返回服务器的结果，则需要将返回的字符串中的 redirect 前缀改为 forward。

本章总结

本章介绍了如何使用注解来配置 Spring MVC，通过注解使配置文件更加简洁，并通过一个简单的会员管理系统案例巩固了对 Spring MVC 的注解知识的掌握。

练习题

简答题

1. Spring MVC 的控制器的注解是什么？它有哪些属性？
2. RequestMapping 注解中有哪些参数？
3. 控制器支持返回哪些数据类型？

第8章

Spring MVC 进阶

上一章中学习了基于注解的 Spring MVC 开发。在现代移动设备越来越多的情况下，与服务器的数据交互很多时候都采用传递通用数据格式的方式来进行，之前数据的形式以 XML 居多。而近些年来 JSON 后来居上，成为后起之秀。

本章将会介绍 Spring MVC 输出 JSON 数据类型的方法，以及关联技术概念 RESTful 的知识，还会介绍应用普遍的拦截器技术。

8.1 RESTful

表征状态转移（Representational State Transfer，REST）是一种开发 Web 应用程序的风格。它首次出现在 2000 年 Roy Fielding 的博士论文中，他是 HTTP 规范的主要编写者之一。在目前主流的三种 Web 服务交互方案中，REST 相比于简单对象访问协议（Simple Object Access Protocol，SOAP）以及 XML-RPC 更加简单明了，无论是对 URL 的处理还是对 Payload 的编码，REST 都倾向于用更加简单轻量的方法设计和实现。REST 指的是一组架构约束条件和原则。满足这些约束条件和原则的应用程序或设计就是 RESTful。

而 REST 的 Web Service 设计原则基于 CRUD，其支持的常见的四种操作分别为对应 HTTP 请求的方式。

GET：获取信息/请求信息内容，绝大多数浏览器获取信息时使用该方式。

POST：添加信息内容，显示曾经的信息内容，能够看作 insert 操作。

PUT：更新信息内容，相当于 update 操作，提供全部更新属性。

DELETE：删除信息内容，能够看作 delete 操作。

我们使用最频繁的是 GET 和 POST 两种请求方式。HTTP 请求方式一共有七种，除以上四种外还有 PATCH（在服务器更新资源，客户端仅提供改变的属性）、HEAD（获取资源的元数据）、OPTIONS（获取信息，关于资源的哪些属性是客户端可以改变的）三种。

RESTful 架构的特点如下。

1）每一个 URI 代表一种资源。

以前在浏览器中请求的地址如下：

http://localhost:8080/ssmBook_ch8b/ch8/user/get.htm?mid= 1001

采用 RESTful 方式后地址变成：

http://localhost:8080/ssmBook_ch8b/ch8/user/1001

1001 变成请求地址的一部分，特点是参数通过 URL 传递。

2）客户端通过四个 HTTP 动词对服务器端资源进行操作，实现"表现层状态转化"。

① GET（SELECT）：从服务器取出资源（一项或多项）。

② POST（CREATE）：在服务器新建一个资源。

③ PUT（UPDATE）：在服务器更新资源（客户端提供改变后的完整资源）。

④ DELETE（DELETE）：从服务器删除资源。

下面是一些 RESTful URI 的例子。这些例子均以对 Member 对象进行操作。

GET/members：列出所有会员信息。

POST/ members：新增一个会员。

GET/members /ID：获取某个指定会员的信息。

PUT/members /ID：更新某个指定会员的信息。

DELETE/members /ID：删除某个会员。

当然，如果记录数据量很大，服务器不可能都将它们返回给用户。API 应该提供参数，过滤返回结果。常见的参数和传统方式一样，如在 URI 后加上如下参数。

?page=3&perpage=20：指定第 3 页，以及每页的记录数为 20。

?sort=mid&order=desc：指定返回结果按照哪个属性排序，以及排序的顺序。

8.2　JSON 数据格式处理

8.2.1　JSON

JavaScript 对象表示法（JavaScript Object Notation，JSON）是一种与 XML 数据格式作用类似的格式。

JSON 的特点如下。

1）比 XML 更小、更快、更易解析。JSON 是轻量级的文本数据交换格式。

2）JSON 独立于语言：JSON 使用 JavaScript 语法来描述数据对象，但是 JSON 仍然独立于语言和平台。JSON解析器和JSON库支持不同的编程语言。目前主流的编程语言都支持JSON的生成和解析。在数据传输中，JSON 大有取代 XML 之势。当然，XML 依然在其他领域特别是在软件的项目配置中占据统治地位。

3）JSON 具有自我描述性，更易理解。

JSON 代码的例子：

{
"member": [

```
    { "mid":"1001" , "name":"jack" ,"phone":"15818118888" , "email":"8888@qq.com"},
    { "mid":"1002" , "name":"rose" ,"phone":"15818119999" , "email":"9999@qq.com"},
    { "mid":"1003" , "name":"mary" ,"phone":"15818110001" , "email":"7777@qq.com"}
]
}
```

它描述了三位顾客的相关信息。

详细的信息可参见 JSON 官方网站 www.json.org，官方网站上列举了解析和生成 JSON 数据的各种语言的各种 API，有几百种之多。仅 Java 语言就有 20 多个工具可以选用，从另外一个角度看出 JSON 应用之广泛。JSON 最常见的用法之一，是从 Web 服务器上读取 JSON 数据（作为文件或作为 HttpRequest），将 JSON 数据转换为 JavaScript 对象，然后在网页中使用该数据。

8.2.2　Spring MVC 返回 JSON

现在，我们利用 Spring MVC 在服务器端产生 JSON 格式的数据，并将其返回给浏览器。这里使用第 7 章的案例。

1）准备实体类 Member.java 类，和之前的章节一样，无须修改；服务类 MemberServiceImpl.java，和之前的章节一样，无须修改。

2）从网上下载 Jackson-all.1.9.11.jar 并导入到项目中（可以从本书提供的网上资源中下载），注意版本的区别，如和对应的 Spring 版本不一致，则有可能出现错误。因为 Spring MVC 的转换器中要使用 Jackson 工具来将实体类转成 JSON 格式。

3）对配置文件 springapp-serlvet.xml 做修改，内容如下。

```
<?xml version="1.0" encoding="UTF-8"?>
<beans xmlns="http://www.springframework.org/schema/beans"
    xmlns:xsi="http://www.w3.org/2001/XMLSchema-instance"
    xmlns:p="http://www.springframework.org/schema/p"
    xmlns:context="http://www.springframework.org/schema/context"
    xmlns:util="http://www.springframework.org/schema/util"
    xsi:schemaLocation="http://www.springframework.org/schema/beans    http://www.springframework.org/schema/beans/spring-beans-3.1.xsd
        http://www.springframework.org/schema/util    http://www.springframework.org/schema/util/spring-util-3.1.xsd
        http://www.springframework.org/schema/context    http://www.springframework.org/schema/context/spring-context-3.1.xsd">

        <context:component-scan base-package="org.newboy"></context:component-scan>
    <!-- 新增 -->
    <bean class="org.springframework.web.servlet.mvc.annotation.AnnotationMethodHandlerAdapter"
        p:messageConverters-ref="messageConverters"/>

    <!-- 新增定义一个消息转换的工具类 Bean 集合 -->
    <util:list id="messageConverters">
        <!-- 转换成 JSON 的消息转换类 -->
        <bean class="org.springframework.http.converter.json.MappingJacksonHttpMessageConverter"></bean>
```

```xml
    </util:list>

    <!-- 配置一个视图解析器 -->
    <bean
        class="org.springframework.web.servlet.view.InternalResourceViewResolver">
        <property name="prefix" value="/WEB-INF/jsp/" />
        <property name="suffix" value=".jsp" />
    </bean>
</beans>
```

如以上代码所示，主要是新增了 2 个类，用于 JSON 格式和实体类之间的消息转换。

4）修改 MemberController.java 类，新增两个方法。

```java
//加了 ch8 路径的前缀
@Controller
@RequestMapping("/ch8")
public class MemberController2 {

    @Autowired
    private MemberService memberService;
    public void setMemberService(MemberService memberService) {
        this.memberService = memberService;
    }
    //新增方法 1
    @RequestMapping(value="/user/get.htm")
    @ResponseBody
    public Member selectById(@RequestParam String mid){
        Member member =memberService.get(mid);
        return member;
    }

    //新增方法 2
    @RequestMapping("/user/list.htm")
    @ResponseBody
    public List<Member> listMember(){
        List<Member> memberList =memberService.list();
        return memberList;
    }

    //其他方法省略，同第 7 章
}
```

这里主要在 selectById(@RequestParam String mid)方法和 listMember() 前加了 @ResponseBody 的注解。

selectById 返回了一个 Member 对象。下面先来测试该方法，查看能否返回 JSON 格式的数据。

在浏览器中输入如下地址：http://localhost:8080/ssmBook_ch8b/ch8/user/get.htm?mid=1001。

可以得到如下结果，如图 8-1 所示。

{"mid":"1002","name":"赵小云","phone":"13988880001","email":"nobody2@qq.com"}

图 8-1　返回一个 JSON 对象

如果需要查询多个 Member 对象，则需要对返回的 List 进行转换。下面来测试新增的第 2 个方法 List<member> listMember()。

在浏览器中输入如下地址：http://localhost:8080/ssmBook_ch8b/ch8/user/list.htm。浏览器返回结果如下，如图 8-2 所示。

[{"mid":"1003","name":"路小飞","phone":"13988880002","email":"nobody3@qq.com"},{"mid":"1001","name":"张小飞","phone":"13988880000","email":"nobody@qq.com"},{"mid":"1002","name":"赵小云","phone":"13988880001","email":"nobody2@qq.com"}]

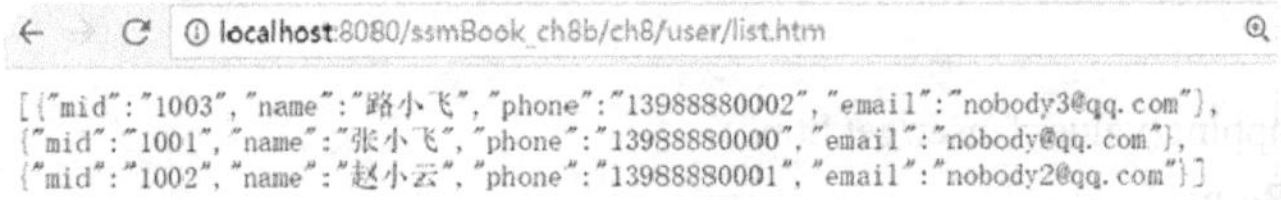

图 8-2　返回多个 JSON 对象

如果采用符合 RESTful 风格的方式，那么方法 1 应该改成如下方式：

```
@RequestMapping(value="/user/{mid}",method=RequestMethod.GET)
@ResponseBody
public Member selectById2(@PathVariable String mid){
    System.out.println("rest id:"+mid);
    Member member =memberService.get(mid);
    return member;
}
```

请求的地址变为

http://localhost:8080/ssmBook_ch8b/ch8/user/1001.htm

URL 中的 1001 表示请求的对象 ID，这是一种 RESTful 的设计方式，可以得到图 8-3 所示的结果。

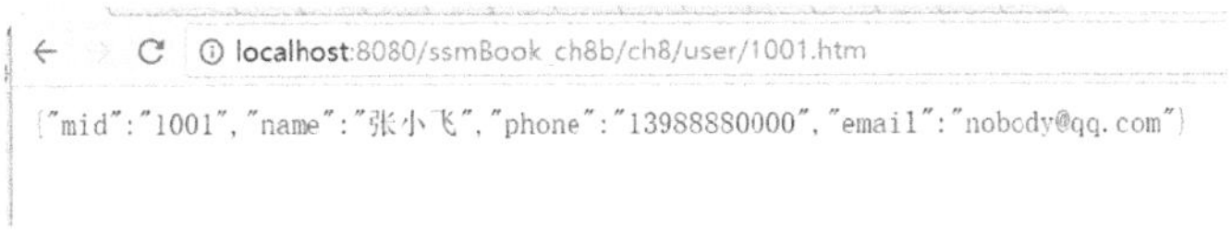

第8章 Spring MVC进阶

图 8-3　RESTful 访问

8.3 拦截器

拦截器（Interceptor）在基于 AOP 的编程中经常用到，在 Spring 框架中有了非常好的实现。Struts 2 框架也提供对拦截器的支持，可见拦截器是普遍需求的一种技术。Spring MVC 依然在 Web 架构中支持并实现了拦截器这种机制。

它提供了一种机制使开发者可以定义在一个控制器的前后执行的代码，也可以在一个控制器执行前阻止其执行，并提供了一种可以提取控制器中可重用部分的方式。在 AOP 中，拦截器用于在某个方法或字段被访问之前，进行拦截并在之前或之后加入某些操作。它也是软件工程中实现模块之间低耦合的非常好的手段。

8.3.1 拦截器的定义

Spring MVC 的拦截器类似于 Servlet 中的过滤器。它主要用于拦截用户的请求，并在请求前、请求后做相应的处理。常见的应用有权限验证、记录请求日志信息、过滤请求数据等。

图 8-4 是拦截器的请求流程图。可以看出拦截器处于用户请求和控制器的中间，一次请求可以有多个拦截器，在请求到达控制器后，返回响应前拦截器的方法也可以完成某些任务。

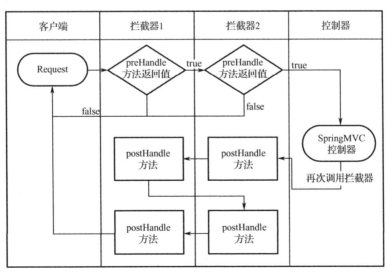

图 8-4　拦截器流程图

继续利用本章之前的案例。先来看看如何定义一个拦截器。

117

1）定义 MyInterceptor，它实现了 HandlerInterceptor 接口。

```
package org.newboy.web;
//省略导包语句
public class MyInterceptor implements HandlerInterceptor {

    //前置处理方法，返回假表示不再向下执行，返回真表示继续请求
    @Override
    public boolean preHandle(HttpServletRequest req, HttpServletResponse resp, Object handler) throws Exception {
        System.out.println("拦截器 1---前置方法");

        return true;
    }

    @Override
    public void postHandle(HttpServletRequest req, HttpServletResponse resp,
            Object handler, ModelAndView mv) throws Exception {
        System.out.println("拦截器 1---后置方法");
    }

    @Override
    public void afterCompletion(HttpServletRequest req, HttpServletResponse resp,
            Object handler, Exception ex) throws Exception {
        System.out.println("拦截器 1---afterComplete 方法");

    }
}
```

2）在 springapp-servlet.xml 中配置此拦截器。

```
<!-- 定义拦截器 Bean  -->
    <bean id="intercepetorA" class="org.newboy.web.MyInterceptor"/>
```

3）在 springapp-servlet.xml 文件中装配拦截器到对应的 Bean 中。Spring MVC 中共有 4 种处理请求的映射类，分别如下。

① SimpleUrlHandlerMapping：通过配置 mappings 的参数，显示的指定 URL 和 Controller 关联。

② BeanNameUrlHandlerMapping：URL 就是 Controller 这个 Bean 的 name，需要规范 URL。在第 6 章中，在第一个入门案例的配置中，如下的配置就是 BeanNameUrlHandlerMapping。这也是 Spring MVC 默认的映射类。

```
<bean name="/hello.htm" class="org.newboy.web.HelloController"/>
```

③ ControllerClassNameHandlerMapping：URL 就是 Controller 这个 Bean 的类名去掉 Controller 后的 String，也需要规范的 URL 地址。

④ DefaultAnnotationHandlerMapping：通过注解方式配置的映射类。

因为本章案例使用的是注解的方式，对应 Bean 的类要用第 4 种映射类，即 DefaultAnnotationHandlerMapping。四种映射方式都有属性 interceptors，它是一个集合，预示着用户可以给 1 个 Bean 配置多个拦截器。

```
<bean
    class="org.springframework.web.servlet.mvc.annotation.DefaultAnnotationHandlerMapping">
        <!-- 配置装配哪些拦截器 -->
        <property name="interceptors">
<list>
<!-- 如果有多个，则依次放在下面 -->
<ref bean="interceptorA" />
</list>
</property>
</bean>
```

最后的配置结果如图 8-5 所示。

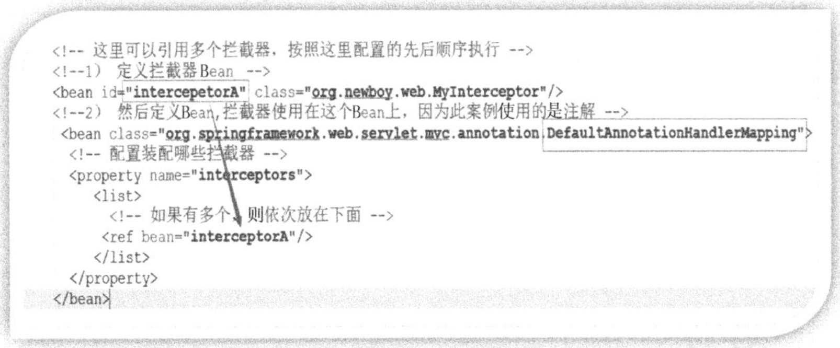

```
<!-- 这里可以引用多个拦截器，按照这里配置的先后顺序执行 -->
<!--1) 定义拦截器Bean -->
<bean id="intercepetorA" class="org.newboy.web.MyInterceptor"/>
<!--2) 然后定义Bean，拦截器使用在这个Bean上，因为此案例使用的是注解 -->
 <bean class="org.springframework.web.servlet.mvc.annotation.DefaultAnnotationHandlerMapping">
  <!-- 配置装配哪些拦截器 -->
  <property name="interceptors">
     <list>
       <!-- 如果有多个，则依次放在下面 -->
      <ref bean="interceptorA"/>
     </list>
  </property>
</bean>
```

图 8-5 拦截器配置

之后就可以运行了，这个拦截器只是在服务器后台写了信息。运行时可查看控制台显示结果。图 8-6 是此拦截器的运行结果。

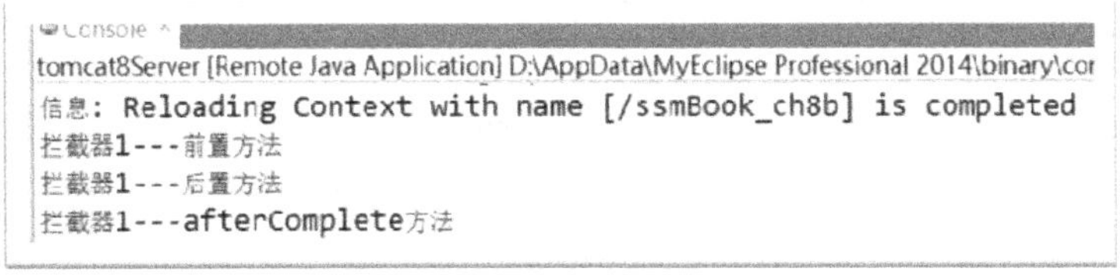

```
Console
tomcat8Server [Remote Java Application] D:\AppData\MyEclipse Professional 2014\binary\cor
信息: Reloading Context with name [/ssmBook_ch8b] is completed
拦截器1---前置方法
拦截器1---后置方法
拦截器1---afterComplete方法
```

图 8-6 拦截器运行结果

8.3.2 拦截器应用实战

在实践过程中，使用拦截器来完成权限验证是比较常用的场景。在本案例中，假设用户 Spring MVC 控制器拦截的以.htm 结尾的页面都必须经过登录后才能访问，则可以通过在拦截器中验证 session 中有没有相关数据来完成。

1）建立 1 个登录页面 login.jsp：

```jsp
<%@ page language="java" import="java.util.*" pageEncoding="UTF-8"%>
<!DOCTYPE HTML PUBLIC "-//W3C//DTD HTML 4.01 Transitional//EN">
<html>
  <head>
    <title>登录页面</title>
  </head>
  <body>
    <div align="center" ">
      <div align="center" style="color: red">${info }   </div>
        <div>
            <h2>用户登录</h2>
            <form name="form1" method="post" action="dolong.htm">
                <dl id="loginBox">
                    <dt>用户名：</dt>
                    <dd><input type="text"  name="userId" value=""/></dd>
                    <dt>密　　码：</dt>
                    <dd><input type="password" name="password"  value=""/></dd>
                    <dt></dt>
                    <dd>   <input type="submit" value="登录">
                    <a href="register.html">用户注册</a></dd>
                </dl>
            </form>
        </div>
    </div>
  </body>
</html>
```

2）增加 1 个验证拦截器类，定义如下：

```java
package org.newboy.web;
import org.springframework.web.servlet.HandlerInterceptor;
//这里不要错用下面这行代码
// import org.springframework.web.portlet.HandlerInterceptor;;
public class LoginInterceptor implements HandlerInterceptor {
    // 前置处理方法，返回假表示不再向下执行，返回真表示继续请求
    @Override
    public boolean preHandle(HttpServletRequest req, HttpServletResponse resp, Object handler) throws Exception {
        // 获取用户请求的 URI
        String uri = req.getRequestURI();
        // 如果请求的路径包含 login，则即使没有登录也可以直接访问
        if (uri.indexOf("/login") >= 0) {
            return true;
        } else {
            // 否则判断 Session
            HttpSession session = req.getSession();
            Member member = (Member) session.getAttribute("LOGIN_Member");
```

```
        if (member == null) { // 未登录用户，提示并跳转到登录页面
            req.setAttribute("info", "未登录，请先登录");
            req.getRequestDispatcher("/login.jsp").forward(req, resp);
            return false;
        } else {
            // 已登录用户，继续原来的请求
            return true;
        }
    }
    @Override
    public void postHandle(HttpServletRequest req, HttpServletResponse resp, Object handler, ModelAndView mv) throws Exception {
    }
    @Override
    public void afterCompletion(HttpServletRequest req, HttpServletResponse resp, Object handler, Exception ex) throws Exception {
    }
}
```

3）在 springapp-servlet.xml 中定义此拦截器并装配到对应的 Bean 上，如图 8-7 所示。

图 8-7　登录拦截器配置

4）在浏览器中测试，在浏览器中输入如下地址：

http://localhost:8080/ssmBook_ch8b/ch8/user/get.htm?mid=1001

拦截器检测到没有登录数据，会跳转到 login.jsp 页面，并显示提示信息，如图 8-8 所示。

图 8-8　登录拦截结果

这里不做登录操作的相关类。相信聪明的读者此时已经有能力自行完成登录的功能，并将登录的信息放到 session 中。注意，键值对应该为 session.setAttribute("LOGIN_Member", Member)。

8.4 文件上传

文件上传是项目开发中常用的功能。Spring MVC 也提供了很方便的 API 来实现。Spring MVC 的文件上传依赖于 Commons FileUpload 的组件。Commons FileUpload 是 Apache 软件基金会的开源文件上传组件。读者可以在 Apache 官网下载该组件。本书电子资源库中对应章节也提供了 JAR 包。截至本书写作时的最新版本是 Commons-fileupload-1.3.3.jar 和 Commons-io.2.6.jar（需要 JDK 1.7 以上）。它们的下载地址分别为

http://commons.apache.org/proper/commons-fileupload/
http://commons.apache.org/proper/commons-io/

上传的文件可以是文本文件或图像文件或任何文档。
这里给出文件上传案例使用到的文件如下。
upload.jsp：文件上传表单。
success.jsp：上传成功后跳转页面。
uploadFail.jsp：上传失败后跳转页面。
MyFileUpLoadController.java：上传处理的控制器。
文件上传步骤如下。
步骤 1：upload.jsp 内容如下。

```jsp
<%@ page language="java" contentType="text/html; charset=UTF-8"
    pageEncoding="UTF-8"%>
<!DOCTYPE html>
<html>
<head>
<meta http-equiv="Content-Type" content="text/html; charset=UTF-8">
<title>文件上传实例 </title>
</head>
<body>
<h1>文件上传实例 </h1>
<form method="post" action="uploadAction.html" enctype="multipart/form-data" name="form1">
    选择要上传的文件：
    <input type="file" name="uploadFile" />
    <br/><br/>
    <input type="submit" value="上传" />
</form>
</body>
</html>
```

这个文件要注意的是表单的内容 form 属性和值的设置 enctype="multipart/form-data" 一定要设置正确，否则无法上传文件。

步骤2：success.jsp 文件内容如下。

```jsp
<%@ page language="java" import="java.util.*" pageEncoding="UTF-8"%>
<!DOCTYPE HTML PUBLIC "-//W3C//DTD HTML 4.01 Transitional//EN">
<html>
  <head>
    <title>success.jsp</title>
    <meta http-equiv="pragma" content="no-cache">
    <meta http-equiv="cache-control" content="no-cache">
  </head>
  <body>
  上传成功！<br>
  </body>
</html>
```

uploadFail.jsp 和登录成功页面类似，提示失败即可。

步骤3：文件上传的控制器类 MyFileUploadController.java 文件内容如下。这里固定将文件上传到了项目下的 upload 文件夹中。

```java
package org.newboy.web;
//省略导包语句

@Controller
public class MyFileUploadController {
    @RequestMapping("uploadAction.htm")
    public String handleUpload(@RequestParam("filename") MultipartFile file,
            HttpServletRequest request) {

        if(!file.isEmpty()){
            //找到文件上传路径
            String newFilepath=request.getServletContext().getRealPath("/upload/");
            System.out.println("filePath:"+newFilepath);
            File filePath =new File(newFilepath);
            if(filePath.exists()){
                filePath.mkdirs();//如果文件夹不存在，则创建文件夹
            }
            //新建1个随机文件名，使用随机数
            String randomFileName=UUID.randomUUID()+""+file.getOriginalFilename();
            File destFile =new File(filePath.getAbsolutePath()+"\\"+randomFileName);

            try {
                destFile.createNewFile();
                file.transferTo(destFile); //复制文件
            } catch (IllegalStateException e) {
                e.printStackTrace();
                return "uploadFail";//上传失败
            } catch (IOException e) {
                e.printStackTrace();
                return "uploadFail";//上传失败
```

```
            }
            return "success";//上传成功
        }else{
            return "uploadFail";//上传失败
        }
    }
}
```

以上代码的主要思路是，在服务器对应的位置新建 1 个空的文件，然后将服务器中缓冲的用户文件内容复制到新文件中即可。

MultipartFile 是 Spring MVC 提供的文件上传的工具类。它的 transferTo 方法将文件内容复制到了新的文件中。

MultipartFile 类常用的一些方法如下。

String getContentType()：获取文件 MIME 类型。
InputStream getInputStream()：获取文件流的输入流。
String getName()：获取表单中文件组件的名称。
String getOriginalFilename()：获取上传文件的原始文件名。
long getSize()：获取文件的字节大小，单位为 byte。
boolean isEmpty()：是否为空。
void transferTo(File dest)：保存到一个目标文件中。

步骤 4：在 springapp-servlet.xml 文件中新加入定义上传文件处理类的 Bean。

```
<!--新增配置文件上传解析器 -->
<bean id="multipartResolver" class="org.springframework.web.multipart.commons.CommonsMultipartResolver">
    <property name="defaultEncoding" value="utf-8"></property>
<!-- 文件最大大小，单位为字节，这里是 10MB,1024*1024*10=10485760 -->
    <property name="maxUploadSize" value="10485760"></property>
</bean>
```

步骤 5：测试成功结果如图 8-9 所示。

图 8-9 上传成功

这里要注意，开发过程中，有些读者会在上传成功后检查结果时，在本地的 MyEclipse 项目中的 upload 文件夹下查看，此时无法查看到上传的文件。因为文件存放在 Tomcat 服务器所在的机器上。即使是在本地安装 Tomcat 测试，也只能在 Tomcat 所在的文件夹下才能找到上传之后的文件。例如，这里的 Tomcat 测试环境安装在 D:\tomcat8 目录中，就应该在如图 8-9 所示的位置查找上传后的文件。

> 文件上传中要用到文件的分隔符。然而，若 Linux 文件路径分隔符为/，Windows 的文件路径分隔符为\，是不同的。在开发项目过程中，若不确定用户使用何种操作系统，就需要自动适配路径。否则在 Windows 系统中开发好的项目部署到远程 Linux 服务器上时就会出错，导致意想不到的问题出现。

本章总结

本章首先介绍了 RESTful 架构的概念，然后介绍了 Spring MVC 如何生成 JSON 格式的数据，又介绍了拦截器的知识点以及应用场景，最后介绍了 Spring MVC 中文件上传的过程。

练习题

简答题

1．请说明什么是 RESTful？REST 和 SOAP、RPC 有何区别？
2．JavaScript 如何解析 JSON 格式数据？
3．拦截器的作用是什么？如何配置多个拦截器？它的设计思路给开发者带来了什么启示？

第 9 章

Spring 框架对 DAO 层的支持

9.1 Spring JDBC 概述

9.1.1 为什么要使用 Spring JDBC

直接使用 JDBC 编写数据库程序的开发人员都知道，JDBC API 过于底层，我们不但需要编写数据操作代码，还要编写获取 JDBC 连接、处理异常、释放资源等的代码。即使一个十分简单的数据库操作，也需要至少十几行的代码。

Spring JDBC 是 Spring 所提供的持久层技术，它的主要目的是降低使用 JDBC API 的门槛，以一种更直接、更简洁的方式使用 JDBC API。虽然 ORM 的框架已经成熟丰富，但 JDBC 的灵活、直接的特性，依然让它拥有自己的用武之地。在有些比较复杂的查询语句中，用 JDBC 访问更快一些。

Spring JDBC 通过模板和回调机制大大降低了使用 JDBC 的复杂度，借助 JdbcTemplate，用户仅需要编写那些"必不可少"的代码就可以进行数据库操作了。

9.1.2 Spring JDBC 模块的组成

在 Spring JDBC 模块中，所有使用到的类可以被分到以下四个单独的包。

1. core

core 包即核心包，它包含了 JDBC 的核心功能。此包内有很多重要的类，包括 JdbcTemplate 类、SimpleJdbcInsert 类、SimpleJdbcCall 类，以及 NamedParameterJdbcTemplate 类。

2. datasource

datasource 包即数据源包，是访问数据源的实用工具类。它有多种数据源的实现，可以在 Java EE 容器外部测试 JDBC 代码。

3. object

object 包即对象包，以面向对象的方式访问数据库。它允许执行查询并返回结果作为业务对象。它可以在数据表的列和业务对象的属性之间映射查询结果。

4. support

support 包即支持包，是 core 包和 object 包的支持类。例如，Spring 提供了异常转换功能的 SQLException 类。

9.2 Spring JDBC 快速入门

9.2.1 案例需求

在 MySQL 中创建两张表，一张是员工表，另一张是部门表，使用 Spring JDBC 向部门表中添加一个部门。

9.2.2 案例步骤

1) 在 MySQL 中创建数据库 spring_jdbc，在数据库中创建两张表：depart（部门）表和 employee（员工）表，部门与员工之间是一对多的关系。两张表的结构如图 9-1 所示。

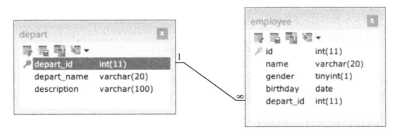

图 9-1 表间关系

```
-- 创建数据库
create database spring_jdbc;

use spring_jdbc;

-- 创建部门表
create table depart (
    depart_id int primary key auto_increment,  -- 主键自动增长
    depart_name varchar(20), -- 部门的名称
    description varchar(100)    -- 部门说明
);

-- 创建员工表
create table employee(
    id int primary key auto_increment,    -- 主键自动增长
    name varchar(20),         -- 员工的名称
```

```
    gender boolean,         -- 性别：男为 true，女为 false
    birthday date,          -- 生日
    depart_id int ,
    -- 创建外键约束
    constraint fk_emp_dept  foreign key (depart_id) references depart(depart_id)
);
```

2）在 EclipseEE 中创建 Java 项目：spring-jdbc-1。

3）在 spring-jdbc-1 目录下创建一个 lib 文件夹。

4）复制下载的 Spring 框架中的 JAR 包到工程 lib 目录下，如图 9-2 所示。

① 复制 Spring 框架的包：在 spring-framework-4.2.7.RELEASE\libs 目录下。

② 复制 MySQL 的驱动包：mysql-connector-java-5.1.37-bin.jar。

③ 下载 Apache 的数据源连接池包：http://commons.apache.org/proper/commons-dbcp/。

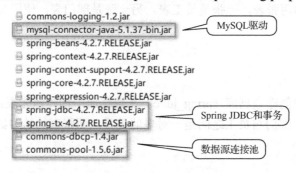

图 9-2　复制 JAR 包

提示：所有需要的 JAR 包都可以在网站 http://search.maven.org/去搜索并下载，这是 Maven 的 JAR 库，提供了几乎所有 Java EE 开发所需的 JAR 包。

5）选中所有的 JAR 文件，右击，如图 9-3 所示，将 JAR 文件添加到项目的部署文件中。

图 9-3　右键菜单

6）在 src 目录下创建 Spring 的配置文件：applicationContext.xml。XML 文件中 Schema 声明的部分可以在 spring-framework-4.2.7.RELEASE\schema 目录下找到。配置主要有 2 个功能：一是创建数据源，二是创建 JdbcTemplate 对象，并且将数据源注入给 JdbcTemplate 对象。

```
<?xml version="1.0" encoding="UTF-8"?>
<beans xmlns="http://www.springframework.org/schema/beans"
    xmlns:xsi="http://www.w3.org/2001/XMLSchema-instance"
    xsi:schemaLocation="
```

```xml
        http://www.springframework.org/schema/beans
        http://www.springframework.org/schema/beans/spring-beans-4.2.xsd">

    <!-- 使用 Apache 的数据源 -->
    <bean id="dataSource" class="org.apache.commons.dbcp.BasicDataSource"
        destroy-method="close">
        <!-- 配置数据库驱动 -->
        <property name="driverClassName" value="com.mysql.jdbc.Driver" />
        <!-- 数据库连接字符串 -->
        <property name="url" value="jdbc:mysql://localhost:3306/spring_jdbc" />
        <!-- 用户名 -->
        <property name="username" value="root" />
        <!-- 密码 -->
        <property name="password" value="root" />
        <!--initialSize: 初始连接数 -->
        <property name="initialSize" value="5" />
        <!--maxIdle: 最大空闲连接数 -->
        <property name="maxIdle" value="10" />
        <!--minIdle: 最小空闲连接数 -->
        <property name="minIdle" value="5" />
        <!--maxActive: 最大连接数 -->
        <property name="maxActive" value="30" />
    </bean>

    <!-- 配置 JdbcTemplate,并且注入数据源 -->
    <bean id="jdbcTemplate" class="org.springframework.jdbc.core.JdbcTemplate">
        <property name="dataSource" ref="dataSource" />
    </bean>
</beans>
```

7）编写 Java 代码部分，得到 JdbcTemplate 对象，调用其 update 方法实现增、删、改的功能。

```java
package org.newboy.jdbc;

import org.springframework.context.support.ClassPathXmlApplicationContext;
import org.springframework.jdbc.core.JdbcTemplate;

public class TestSpringJdbc01 {

    public static void main(String[] args) {
        //得到 Spring 的上下文对象
        ClassPathXmlApplicationContext context = new ClassPathXmlApplicationContext("applicationContext.xml");
        //得到已经注入数据源的 JdbcTemplate 对象
        JdbcTemplate jdbcTemplate = (JdbcTemplate) context.getBean("jdbcTemplate");
        //使用 update 方法插入 1 条部门记录
        int row = jdbcTemplate.update("insert into depart (depart_name, description) values (?,?)", "开发部", "程序猿所在的部门");
        System.out.println(row + "条记录插入成功");
```

```
            //关闭上下文
            context.close();
        }

}
```

8）运行以后查看 MySQL 中添加的记录，如图 9-4 所示。

depart_id	depart_name	description
1	开发部	程序猿所在的部门

图 9-4　查看记录

9.3　DBCP 连接池

9.3.1　什么是连接池

因为在 Spring JDBC 中会使用到连接池，所以对连接池进行介绍。

1．为什么要使用连接池

在 JDBC 访问数据库操作的时候存在以下两个问题：

1）创建 Connection 对象耗时过多。测试一次访问数据库中耗时最多的部分是创建 Connection 对象。根据木桶理论的原理——一个木桶能装多少水，由最短的木板决定，如图 9-5 所示，为了提升数据库的访问速度，我们需要提升短板，减少最耗时部分占用的时间；

2）在数据库操作中都是按以下步骤进行的：得到一个 Connection→使用 Connection→关闭 Connection。

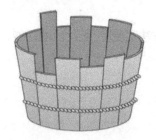

图 9-5　木桶理论

连接对象使用率太低，每次访问完数据库就关闭了，需要提升连接对象的使用率。

由于建立数据库连接是一种非常耗时耗资源的行为，所以通过连接池预先同数据库建立一些连接并放在内存中，应用程序需要建立数据库连接时直接到连接池中申请一个即可，用完后再放回去。

2．生活中的连接池

是否使用连接池，就像打普通电话与打热线电话的区别。

打普通电话时，一旦一个用户创建一个连接，则其他用户就无法使用了，必须等待这个连接结束，下一个用户才能访问，如图 9-6 所示。

而热线电话则是一开始创建大量的客服，每个客服是一个连接对象。如果有用户需要连接，则指定一个空闲的连接给用户。用户使用完这个连接以后，则将连接对象再放回到连接池中，供下一个用户使用，如图 9-7 所示。这样既减少了用户创建连接的时间，又提升了连接对象的使用率。

图 9-6　打普通电话

图 9-7　打热线电话

3. 解决方案

解决方案如表 9-1 所示。

表 9-1　解决方案

连接对象	操作特点
创建时	程序一开始就创建好一定数量的连接对象，放在服务器的内存中，这个内存空间称为连接池
使用时	用户使用的时候，就从创建好的连接池中取一个空闲的连接对象直接使用，不用自己去创建
关闭时	释放连接对象的时候，不再关闭连接对象，而是将连接对象放回到连接池中

连接池的原理图如图 9-8 所示。

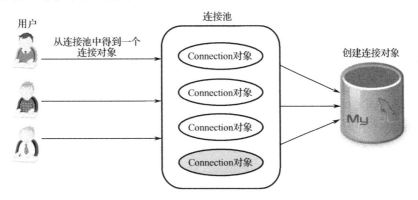

图 9-8　连接池的原理图

9.3.2 数据库连接池 API

在 Java 包中有一个 javax.sql.DataSource 数据源的接口，被称为连接池，也称为数据源。

1. 数据源接口中的方法

数据源接口中的方法如表 9-2 所示。

表 9-2 数据源接口中的方法

DataSource 接口中的方法	描 述
Connection getConnection()	从连接池中得到一个连接对象

2. 常用连接池参数

常用连接池参数如表 9-3 所示。

表 9-3 常用连接池参数

常 用 参 数	描 述
初始连接数	连接池一开始创建的时候，默认有多少个连接对象已经创建好了
最大连接数	连接池中连接数的最多个数
最长等待时间	如果一个用户得不到连接对象，则最长等待多久以后抛出异常
最长空闲等待时间	如果一个连接对象在连接池中长时间没有人使用，则多久以后回收连接对象
最大空闲个数	在连接池中最多可以有多少个空闲的连接数，多出的部分进行回收

9.3.3 常用连接池的工具

DataSource 本身只是 Oracle 公司提供的一个接口，没有具体的实现，它的实现由连接池的数据库厂商去完成。用户只需要学习这个工具如何使用即可。常用的连接池实现组件有以下几种。

1）阿里巴巴-德鲁伊（Druid）连接池：Druid 是阿里巴巴开源平台上的一个项目，整个项目由数据库连接池、插件框架和 SQL 解析器组成。该项目主要用于扩展 JDBC 的一些限制，可以让程序员实现一些特殊的需求，如向密钥服务请求凭证、统计 SQL 信息、SQL 性能收集、SQL 注入检查、SQL 翻译等，程序员可以通过定制来实现自己需要的功能。

2）数据库连接池（Database Connection Pool，DBCP）：Apache 上的一个 Java 连接池项目，也是 Tomcat 使用的连接池组件。单独使用 DBCP 需要 2 个包：common-dbcp.jar、common-pool.jar。DBCP 没有自动回收空闲连接的功能。

3）C3P0：一个开源的 JDBC 连接池，它实现了数据源和 JNDI 的绑定，支持 JDBC3 规范和 JDBC2 的标准扩展。C3P0 是异步操作的，所以一些操作时间过长的 JDBC 通过其他的辅助线程完成。目前使用它的开源项目有 Hibernate、Spring 等。C3P0 有自动回收空闲连接功能。

4）Proxool 数据库连接池技术：SourceForge 下的一个开源项目，这个项目提供一个健壮、易用的连接池，最为关键的是，这个连接池提供监控的功能，方便易用，便于发现连接泄露的情况。

9.3.4 DBCP 连接池的使用

1. 什么是 DBCP

数据库连接池（Database Connection Pool，DBCP）DBCP 由 Apache 基金会创建，免费开源，可以在 http://commons.apache.org 网站下载，如图 9-9 所示。

图 9-9　下载 DBCP

2. 开发步骤

下面通过属性配置文件的方式创建一个连接池对象，从连接池中得到 10 个连接对象并输出，将会发现每个连接对象都不相同。

1）创建一个项目 dbcp，在项目中创建 lib 文件夹，导入包，整个工程结构如图 9-10 所示。

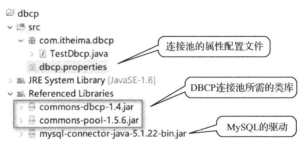

图 9-10　项目结构

2）在 src 目录下创建属性文件 dbcp.properties。

```
# 数据库的连接参数：用户名、密码、连接字符串、驱动名
username=root
password=root
url=jdbc:mysql://localhost:3306/spring_jdbc
driverClassName=com.mysql.jdbc.Driver
# 连接池的配置参数：初始连接数 3 个、最大连接数 10 个、最长等待时间 2000 毫秒、最大空闲数 3
initialSize=3
maxActive=10
maxWait=2000
maxIdle=3
```

3）通过类对象的 getResourceAsStream("/dbcp.properties")方法，从类路径下加载文件，以字节流的方式加载。

4）通过属性对象 Properties 中的 load(InputStream in) 方法加载属性文件。

5）通过 BasicDataSourceFactory.createDataSource(Properties prop)得到 DataSource 连接池对象。

6）从 BasicDataSource 连接池中得到连接对象。

3. 代码

```java
package com.itheima.dbcp;

import java.io.InputStream;
import java.sql.Connection;
import java.util.Properties;

import org.apache.commons.dbcp.BasicDataSource;
import org.apache.commons.dbcp.BasicDataSourceFactory;

/**
 * 通过配置文件创建数据源
 * @author NewBoy
 */
public class TestDbcp {

    public static void main(String[] args) throws Exception {
        // 1) 使用 Properties 类加载属性文件
        Properties info = new Properties();
        /*2) 通过类对象的 getResourceAsStream("/dbcp.properties")方法，从类路径下加载文件，以字节流的方式加载*/
        InputStream inputStream = TestDbcp.class.getResourceAsStream("/dbcp.properties");
        // 3) 通过 properties.load(InputStream in) 加载属性文件
        info.load(inputStream);
        // 4) 通过工厂类，得到 DataSource 连接池对象
        BasicDataSource ds = (BasicDataSource) BasicDataSourceFactory.createDataSource(info);
        // 5) 通过 BasicDataSource 类得到连接对象
        for (int i = 0; i < 10; i++) {
            Connection connection = ds.getConnection();
            // 同一个对象的 hashCode()是一样的
            System.out.println("得到第" + (i + 1) + "个连接：" + connection.hashCode());
        }
    }
}
```

4. 运行结果

```
得到第 1 个连接：1535128843
得到第 2 个连接：1567581361
得到第 3 个连接：849460928
得到第 4 个连接：458209687
得到第 5 个连接：38997010
得到第 6 个连接：721748895
得到第 7 个连接：1973336893
得到第 8 个连接：1940447180
得到第 9 个连接：1143839598
得到第 10 个连接：204349222
```

如果得到 11 个连接，就会发现在得到第 10 个连接以后，等待 2 秒后，代码会抛出异常。

```
for (int i = 0; i < 11; i++) {
    Connection connection = ds.getConnection();
    // 同一个对象的 hashCode() 是一样的
    System.out.println("得到第" + (i + 1) + "个连接：" + connection.hashCode());
}
```

运行结果：

得到第 1 个连接：1535128843
得到第 2 个连接：1567581361
得到第 3 个连接：849460928
得到第 4 个连接：458209687
得到第 5 个连接：38997010
得到第 6 个连接：721748895
得到第 7 个连接：1973336893
得到第 8 个连接：1940447180
得到第 9 个连接：1143839598
得到第 10 个连接：204349222
Exception in thread "main" org.apache.commons.dbcp.SQLNestedException: Cannot get a connection, pool error Timeout waiting for idle object
  at org.apache.commons.dbcp.PoolingDataSource.getConnection(PoolingDataSource.java:114)
  at org.apache.commons.dbcp.BasicDataSource.getConnection(BasicDataSource.java:1044)
  at com.itheima.dbcp.TestDbcp.main(TestDbcp.java:27)
Caused by: java.util.NoSuchElementException: Timeout waiting for idle object
  at org.apache.commons.pool.impl.GenericObjectPool.borrowObject(GenericObjectPool.java:1167)
  at org.apache.commons.dbcp.PoolingDataSource.getConnection(PoolingDataSource.java:106)
  ... 2 more

此时，随便释放掉其中一个连接，就会发现程序运行正常了，而且其中有两个连接对象是相同的，达到了连接对象重用的目的。

得到第 1 个连接：1535128843
得到第 2 个连接：1567581361
得到第 3 个连接：849460928
得到第 4 个连接：458209687
得到第 5 个连接：38997010
得到第 6 个连接：721748895
得到第 7 个连接：721748895
得到第 8 个连接：1973336893
得到第 9 个连接：1940447180
得到第 10 个连接：1143839598
得到第 11 个连接：204349222

9.4　Druid 连接池

9.4.1　Druid 简介

　　Druid 是阿里巴巴开发的号称为监控而生的数据库连接池，Druid 是目前最好的数据库连接池。其在功能、性能、扩展性方面，都超过其他数据库连接池，同时加入了日志监控的功能，可以很好地监控数据库连接池和 SQL 语句的执行情况。Druid 已经在阿里巴巴部署了超过 600 个应用，经过了一年多生产环境大规模部署的严苛考验，如一年一度的"双十一"活动、每年春运时期的火车票抢购，这些都是全球独一无二的最大连接访问量的运行环境。

　　Druid 的下载地址为 https://github.com/alibaba/druid，如图 9-11 所示，这个网址中还有 Druid 使用的中文帮助文档，读者若想进一步了解更多的功能，也可以将其下载下来。

图 9-11　Druid 的下载

　　Druid 连接池在本书的案例中使用的 JAR 包是 druid-1.0.9.jar。

9.4.2　Druid 常用的配置参数

　　Druid 常用的配置参数如表 9-4 所示。

表 9-4　Druid 常用的配置参数

参　数　名	说　　明
url	数据库连接字符串，例如： jdbc:mysql://localhost:3306/数据库名
username	数据库的用户名
password	数据库的密码
driverClassName	驱动类名 连接池会根据 URL 自动识别，这一项可配可不配，如果不配置，则 Druid 会根据 URL 自动识别数据库的类型，然后选择相应的数据库驱动名，通常建议配置此参数

续表

参 数 名	说 明
initialSize	初始化时建立的物理连接的个数。 初始化发生在显式调用 init()方法，或者第一次获取连接对象时
maxActive	连接池中最大连接数
maxWait	获取连接时的最长等待时间，单位是毫秒

9.4.3 Druid 连接池的使用

1. 创建连接池

com.alibaba.druid.pool.DruidDataSourceFactory 类有创建连接池的静态方法，创建一个连接池时，连接池中的参数由 properties 属性提供。

public static DataSource createDataSource(Properties properties)

2. 开发步骤

下面创建一个项目来学习 Druid 的使用。

1）在 Eclipse 中创建项目 druid，再创建一个 lib 文件夹。

2）将 druid-1.0.9.jar 和 mysql-connector-java-5.1.22-bin.jar 的驱动复制到 lib 文件夹中，并添加到编译路径中，如图 9-12 所示。

图 9-12 添加编译路径

3）在 src 目录下创建 druid.properties 文件，文件名随意，设置相应的参数如下：

```
driverClassName=com.mysql.jdbc.Driver
# 数据库的使用
url=jdbc:mysql://localhost:3306/spring_jdbc
username=root
password=root
initialSize=5
maxActive=10
maxWait=2000
```

4）创建 Java 类 DruidDemo.java，加载 properties 文件的内容到 Properties 对象中。

5）使用配置文件中的参数，通过工厂类的 createDataSource(Properties properties)方法创建 Druid 连接池。

6）从 Druid 连接池中取出连接对象，输出连接对象。如果在 10 个以内则没有问题，大于 10 个时，在等待 2 秒以后会抛出异常。

```java
package org.newboy.druid;

import java.io.InputStream;
import java.sql.Connection;
import java.util.Properties;
import javax.sql.DataSource;
import com.alibaba.druid.pool.DruidDataSourceFactory;

/**
 * Druid 连接池的使用
 * @author NewBoy
 *
 */
public class DruidDemo {
    public static void main(String[] args) throws Exception {
        // 加载配置文件中的配置参数
        InputStream is = DruidDemo.class.getResourceAsStream("/druid.properties");
        //创建属性对象
        Properties properties = new Properties();
        //读取配置文件中的参数
        properties.load(is);

        // 通过工厂对象创建数据源
        DataSource ds = DruidDataSourceFactory.createDataSource(properties);

        for (int i = 0; i < 10; i++) {
            Connection conn = ds.getConnection();
            System.out.println("第" + (i+1) + "个连接对象是：" + conn);
        }
    }
}
```

3. 运行结果

二月 22, 2018 4:56:38 下午 com.alibaba.druid.pool.DruidDataSource info
信息: {dataSource-1} inited
第 1 个连接对象是：com.mysql.jdbc.JDBC4Connection@66133adc
第 2 个连接对象是：com.mysql.jdbc.JDBC4Connection@7bfcd12c
第 3 个连接对象是：com.mysql.jdbc.JDBC4Connection@42f30e0a
第 4 个连接对象是：com.mysql.jdbc.JDBC4Connection@24273305
第 5 个连接对象是：com.mysql.jdbc.JDBC4Connection@5b1d2887
第 6 个连接对象是：com.mysql.jdbc.JDBC4Connection@46f5f779
第 7 个连接对象是：com.mysql.jdbc.JDBC4Connection@1c2c22f3

第 8 个连接对象是：com.mysql.jdbc.JDBC4Connection@18e8568
第 9 个连接对象是：com.mysql.jdbc.JDBC4Connection@33e5ccce
第 10 个连接对象是：com.mysql.jdbc.JDBC4Connection@5a42bbf4

此时会看到 10 个连接对象各不相同，如果修改上面的 10 为 11，就会看到程序在等待 2 秒以后，抛出了如下异常：

```
Exception in thread "main" com.alibaba.druid.pool.GetConnectionTimeoutException: wait millis 2000, active 10
    at com.alibaba.druid.pool.DruidDataSource.getConnectionInternal(DruidDataSource.java:1124)
    at com.alibaba.druid.pool.DruidDataSource.getConnectionDirect(DruidDataSource.java:941)
    at com.alibaba.druid.pool.DruidDataSource.getConnection(DruidDataSource.java:921)
    at com.alibaba.druid.pool.DruidDataSource.getConnection(DruidDataSource.java:911)
    at com.alibaba.druid.pool.DruidDataSource.getConnection(DruidDataSource.java:98)
    at org.newboy.druid.DruidDemo.main(DruidDemo.java:31)
```

对 Java 代码进行修改，关闭其中一个对象。

```
for (int i = 0; i < 11; i++) {
    Connection conn = ds.getConnection();
    System.out.println("第" + (i+1) + "个连接对象是：" + conn);
    if (i==4) {
        conn.close();     //释放其中一个连接，会出现重用的连接对象
    }
}
```

此时会发现代码运行正常了，并且其中第 5 个和第 6 个连接对象的地址是相同的，说明有连接对象被重用了。

```
二月 22, 2018 5:00:59 下午 com.alibaba.druid.pool.DruidDataSource info
信息: {dataSource-1} inited
第 1 个连接对象是：com.mysql.jdbc.JDBC4Connection@66133adc
第 2 个连接对象是：com.mysql.jdbc.JDBC4Connection@7bfcd12c
第 3 个连接对象是：com.mysql.jdbc.JDBC4Connection@42f30e0a
第 4 个连接对象是：com.mysql.jdbc.JDBC4Connection@24273305
第 5 个连接对象是：com.mysql.jdbc.JDBC4Connection@5b1d2887
第 6 个连接对象是：com.mysql.jdbc.JDBC4Connection@5b1d2887
第 7 个连接对象是：com.mysql.jdbc.JDBC4Connection@46f5f779
第 8 个连接对象是：com.mysql.jdbc.JDBC4Connection@1c2c22f3
第 9 个连接对象是：com.mysql.jdbc.JDBC4Connection@18e8568
第 10 个连接对象是：com.mysql.jdbc.JDBC4Connection@33e5ccce
第 11 个连接对象是：com.mysql.jdbc.JDBC4Connection@5a42bbf4
```

9.4.4 连接池小结

通过对连接池 DBCP 和 Druid 的介绍，可以看到其实大部分连接池的使用方式是大同小异的。

配置连接池的参数时，参数可以分为两类：连接数据库的参数，连接池的参数。配置参数大致作用相同，只是参数名称可能不一样。配置文件时一般通过 properties 属性文件加载或者 XML 的配置文件加载，或者两者都使用。

创建连接池并不是最终目的，创建连接池只是为了得到连接对象，而创建连接对象是为了访问数据库，故最终目的是要访问数据库。连接池只是提升了数据库创建连接的速度。

9.5 JUnit

本书采用 JUnit 4.x 进行代码的单元测试。JUnit 的包需要额外增加进来，但 EclipseEE 自带有包。首先来了解一下 JUnit 4.x 的基本使用，主要是几个注解的使用，如表 9-5 所示。

表 9-5 注解的使用

注 解	说 明
@Before	用在方法上面，表示这个方法会在每一个测试方法之前运行，会运行多次，一般用于测试方法的一些初始化操作
@After	用在方法上面，表示这个方法会在每一个测试方法之后运行，会运行多次，一般用于测试方法资源的释放
@Test	用在方法上面，表示这个方法就是测试方法，在这里可以测试期望异常和超时时间
@Ignore	用在方法上面，表示这个方法是忽略的测试方法
@BeforeClass	只能用在静态方法上面，表示针对整个类中所有测试方法只执行一次，在@Before 方法之前运行，一般用于类的一些初始化的操作
@AfterClass	只能用在静态方法上面，表示针对整个类中所有测试方法只执行一次，在@After 方法之后运行，一般用于类的一些资源释放的操作

一个 JUnit 4 的单元测试用例执行顺序为

@BeforeClass → @Before → @Test → @After → @AfterClass

每一个测试方法的调用顺序为

@Before → @Test → @After

9.6 JdbcTemplate 的使用

9.6.1 JdbcTemplate 的概述

JdbcTemplate 就是 Spring 对 JDBC 的封装，目的是使 JDBC 更加易于使用。JdbcTemplate 是 Spring 的一部分，它处理了资源的建立和释放，帮助用户避免一些常见的错误，如忘了要关闭连接。其负责运行核心的 JDBC 工作流，如 Statement 的建立和执行，而用户只需要提供 SQL 语句和提取结果即可。

JdbcTemplate 中执行 SQL 语句的方法大致分为以下 3 类。

1）execute：可以执行所有 SQL 语句，一般用于执行 DDL 语句。

2）update：用于执行 INSERT、UPDATE、DELETE 等 DML 语句。

3）queryXxx：用于数据查询语句。

9.6.2 JdbcTemplate 实现增删改的操作

1. 方法说明

Jdbc Template 的方法如表 9-6 所示。

表 9-6 方法说明

JdbcTemplate 中的方法	描 述
public int update(final String sql)	用于执行 INSERT、UPDATE、DELETE 等 DML 语句

2. 添加记录

● 案例需求：

向员工表中插入 3 条员工信息。

● 案例代码：

在案例中使用 JUnit 进行单元测试，需要导入 JUnit 框架。在 EclipseEE 中导入 JUnit 框架的方法如图 9-13 所示。

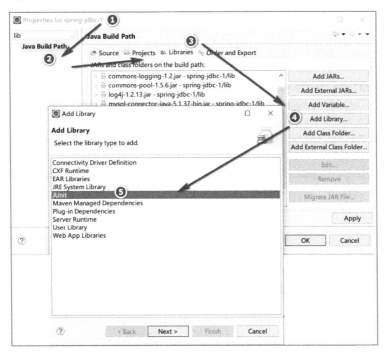

图 9-13 导入 JUnit 框架

注意：性别在 Java 中使用 boolean 类型，在 MySQL 中，boolean 类型使用整数类型代替，1 表示 true，0 表示 false。

```
package org.newboy.jdbc;

import org.junit.BeforeClass;
import org.junit.Test;
import org.springframework.context.ApplicationContext;
```

```java
import org.springframework.context.support.ClassPathXmlApplicationContext;
import org.springframework.jdbc.core.JdbcTemplate;

/**
 * 实现增、删、改的操作
 * @author NewBoy
 *
 */
public class TestSpringJdbc02 {

    private static JdbcTemplate  jdbcTemplate;

    //在类加载的时候创建 JdbcTemplate 对象
    @BeforeClass
    public static void beforeClass() {
        //得到 Spring 的上下文对象
        ApplicationContext context = new ClassPathXmlApplicationContext("applicationContext.xml");
        jdbcTemplate = (JdbcTemplate) context.getBean("jdbcTemplate");
    }

    //使用 update 方法插入 3 条员工信息
    @Test
    public void testAddEmployee() {
        jdbcTemplate.update("insert into employee (name, gender,birthday,depart_id) values (?,?,?,?)", "张飞", true, "1993-10-12", 1);
        jdbcTemplate.update("insert into employee (name, gender,birthday,depart_id) values (?,?,?,?)", "小乔", false, "1995-03-20", 1);
        jdbcTemplate.update("insert into employee (name, gender,birthday,depart_id) values (?,?,?,?)", "曹操", true, "1979-1-16", 1);
        System.out.println("成功添加 3 条记录");
    }
}
```

● 执行结果：
添加记录执行结果如图 9-14 所示。

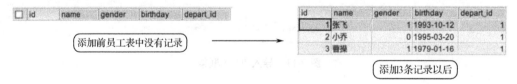

图 9-14　添加记录执行结果

3. 修改记录

● 案例需求：
将 3 号员工的姓名改成"丽娜"，性别改成 0，生日改成 1992-02-25。

● 案例代码：
在添加记录的基础上，在测试类中添加一个修改的测试方法即可。

```
@Test
public void testUpdateEmployee() {
    int row = jdbcTemplate.update("update employee set name=?, gender=?, birthday=? where id=?", "丽娜", false, "1992-02-25", 3);
    System.out.println("成功修改" + row + "条记录");
}
```

● 执行结果：

修改记录执行结果如图 9-15 所示。

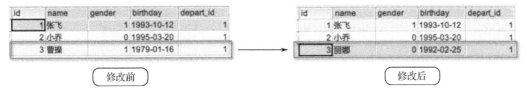

图 9-15　修改记录执行结果

4. 删除记录

● 案例需求：

删除所有的女性员工信息，即 gender 为 false 的员工信息。

● 案例代码：

在修改记录的基础上，在测试类中添加一个删除的测试方法即可。

```
//删除所有的女性员工
@Test
public void testDeleteEmployee() {
    int row = jdbcTemplate.update("delete from employee where gender=?", false);
    System.out.println("成功删除" + row + "条记录");
}
```

● 执行结果：

删除记录执行结果如图 9-16 所示。

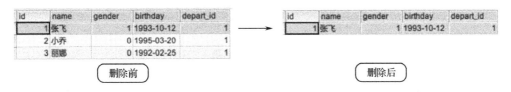

图 9-16　删除记录执行结果

9.6.3　实现各种查询

1. JdbcTemplate 中的方法

JdbcTemplate 中的方法如表 9-7 所示。

表 9-7 方法及其功能

方 法 名	功 能 说 明
query()	通用的查询方法，有多个同名方法的重载，可以自定义查询结果集封装成什么样的对象
queryForList()	返回多条记录的查询结果，封装成一个 List 集合，List 集合中的每个元素都是 Map 对象 如果要封装成 List\<JavaBean\>对象，则建议使用 query()方法
queryForMap()	返回 Map\<String,Object\>的查询结果，其中键是列名，值是表中对应的记录 数据库记录　　　　　　　　　　　Map\<String, Object\> | depart_id | depart_name |　　　　| 键 | 值 | | 1 | 取经部 |　　→　　| depart_id | 1 | | 2 | 行政部 |　　　　　　　| depart_name | 取经部 | | 3 | 开发部 | 一个 Map 对象对应一条记录 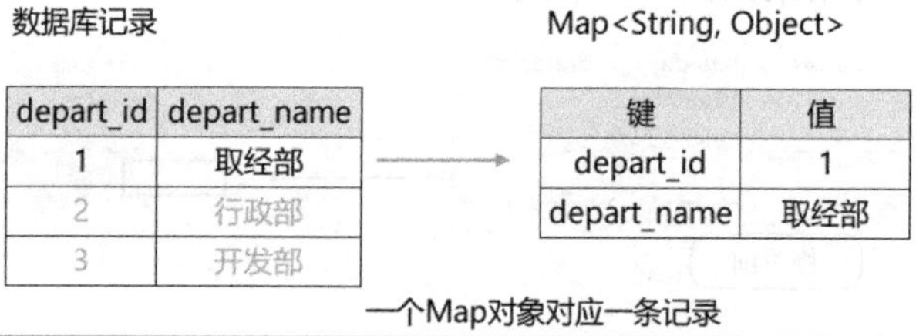
queryForObject()	返回查询只有单一对象的结果，这个单一结果应该是简单的数据类型，如 Integer.class、Long.class、String.class，可以用于聚合函数的查询结果。 注意：在新版的 Spring JDBC 中，queryForInt()和 queryForLong()两个方法已经淘汰

现在使用 truncate employee 删除员工表中所有的记录，同时使用 JdbcTemplate 中的 execute() 方法，运行 DDL 语句。

```
@Test
public void testTruncateEmployee() {
    jdbcTemplate.execute("truncate employee");
    System.out.println("删除员工表中所有的记录");
}
```

再运行前面的添加记录的代码，重新插入 3 条记录，方便后面的查询操作。现在表中记录如图 9-17 所示。

id	name	gender	birthday	depart_id
1	张飞	1	1993-10-12	1
2	小乔	0	1995-03-20	1
3	曹操	1	1979-01-16	1

图 9-17 表中记录

1）数据准备：将 TestSpringJdbc02.java 复制一份并命名为 TestSpringJdbc03.java，删除其中的增、删、改的代码，保留下面的代码。

```
/**
 * 实现查询操作
 * @author NewBoy
 */
public class TestSpringJdbc03 {

    private static JdbcTemplate jdbcTemplate;
```

```java
        //在类加载的时候创建 JdbcTemplate 对象
        @BeforeClass
        public static void beforeClass() {
            //得到 Spring 的上下文对象
            ApplicationContext context = new ClassPathXmlApplicationContext("applicationContext.xml");
            jdbcTemplate = (JdbcTemplate) context.getBean("jdbcTemplate");
        }
}
```

2）Employee 员工实体类：

```java
package org.newboy.entity;

import java.io.Serializable;
import java.sql.Date;

/**
 * 员工的实体类
 * @author NewBoy
 */
public class Employee implements Serializable {
    private int id;              // 主键
    private String name;         // 员工名
    private boolean gender;      // 性别
    private Date birthday;       // 生日
    private int departId;        // 所在部门

    public Employee(int id, String name, boolean gender, Date birthday, int departId) {
        super();
        this.id = id;
        this.name = name;
        this.gender = gender;
        this.birthday = birthday;
        this.departId = departId;
    }

    public Employee() {
        super();
    }

    @Override
    public String toString() {
        return "Employee [id=" + id + ", name=" + name + ", gender=" + gender + ", birthday=" + birthday + ", departId=" + departId + "]";
    }
    //省略了 getter 和 setter 方法
    //注意：因为性别是 boolean 类型，所以生成的是 isGender()方法，而不是 getGender()方法
}
```

为了能够在控制台上看到运行的 SQL 语句，可以加入 log4j 的日志记录包 log4j-1.2.13.jar，并且在 src 目录下配置如下代码：

```
# configure root logger
log4j.rootLogger = debug,console

# spring jdbc logger
log4j.logger.org.springframework.jdbc.core.JdbcTemplate=debug

## APPENDERS ##
log4j.appender.console = org.apache.log4j.ConsoleAppender
log4j.appender.console.Threshold=debug
log4j.appender.console.Target=System.out
log4j.appender.console.layout = org.apache.log4j.PatternLayout
log4j.appender.console.layout.ConversionPattern =%p: %m%n [%d] [%c] [%r] [%t]%n
```

2. 查询一条记录

● 需求：

查询 id 为 1 的员工。

● 分析：

使用 queryForObject()查询 1 个员工，但是 queryForObject()必须要指定查询的结果集与 JavaBean 属性之间的对应关系，所以这个方法需要传递一个接口作为参数：RowMapper<T>。接口中只有以下方法：

T mapRow(ResultSet rs, int rowNum) throws SQLException

需要重写这个方法，指定属性与列之间的映射关系，代码中使用的是匿名内部类。

● 代码：

```java
/**
 * 查询1个对象
 */
@Test
public void testQueryForObject1() {
    Employee employee = jdbcTemplate.queryForObject("select * from employee where id=?", new RowMapper<Employee>() {
        /**
         *  参数说明：
         *  rs 表示要封装的结果集
         *  rowNum 表示返回的行数
         */
        @Override
        public Employee mapRow(ResultSet rs, int rowNum) throws SQLException {
            Employee employee = new Employee();
            employee.setId(rs.getInt("id"));
            employee.setName(rs.getString("name"));
            employee.setGender(rs.getBoolean("gender"));
            employee.setBirthday(rs.getDate("birthday"));
```

```
            //注意：这一列与属性名不同
            employee.setDepartId(rs.getInt("depart_id"));
            return employee;
        }
    },1 );
    System.out.println("1 号员工： " + employee);
}
```

● 结果：

1 号员工：Employee [id=1, name=张飞, gender=true, birthday=1993-10-12, departId=1]

如果每个 JavaBean 都需要自己封装每个属性，那么开发效率将大打折扣，所以 Spring JDBC 提供了这个接口的实现类——BeanPropertyRowMapper，这样使用起来更加方便。只需要在构造方法中传入 Employee.class 类对象即可，它会自动封装所有同名的属性，而且不同名的 depart_id 列也会被封装到 departId 属性中。请看另一种写法：

```
/**
 * 查询 1 个对象
 */
@Test
public void testQueryForObject2() {
/*BeanPropertyRowMapper 是一个 JavaBean 的属性与列名对应的映射类，构造方法的参数是传递员工的类对象*/
    Employee employee = jdbcTemplate.queryForObject("select * from employee where id=?", new BeanPropertyRowMapper<>(Employee.class),2);
    System.out.println("2 号员工： " + employee);
}
```

● 结果：

2 号员工：Employee [id=2, name=小乔, gender=false, birthday=1995-03-20, departId=1]

返回的结果集中如果只有一条记录，也可以使用 queryForMap()方法，将这条记录封装成 Map 对象。

```
/**
 * 查询 1 个对象
 */
@Test
public void testQueryForMap() {
    Map<String, Object> map = jdbcTemplate.queryForMap("select * from employee where id=?",3);
    System.out.println("3 号员工： " + map);
}
```

● 结果：

3 号员工：{id=3, name=曹操, gender=true, birthday=1979-01-16, depart_id=1}

3. 查询多条记录

● 需求：

查询 1 号部门中的所有员工，使用 queryForList 方法查询元素。

注意：queryForList 方法默认返回的 List 中的每个元素是 Map 对象。
- 代码：

```java
/**
 * 查询1号部门中的所有员工
 */
@Test
public void testQueryForList1() {
    //注意：默认 List 中的每个元素都是 Map 对象
    List<Map<String,Object>> list = jdbcTemplate.queryForList("select * from employee where depart_id=?" , 1);
    for (Map<String, Object> map : list) {
        System.out.println(map);
    }
}
```

- 结果：

```
{id=1, name=张飞, gender=true, birthday=1993-10-12, depart_id=1}
{id=2, name=小乔, gender=false, birthday=1995-03-20, depart_id=1}
{id=3, name=曹操, gender=true, birthday=1979-01-16, depart_id=1}
```

如果要封装成 List<Employee>对象又应该怎么办呢？这里使用 query 方法来实现会比较简单，如果使用 queryForList 方法，则需要自己实现 RowMapper 接口。
- 代码：

```java
/**
 * 查询1号部门中的所有员工
 */
@Test
public void testQueryForList2() {
    List<Employee> list = jdbcTemplate.query("select * from employee where depart_id=?", new BeanPropertyRowMapper<>(Employee.class),1);
    for (Employee employee : list) {
        System.out.println(employee);
    }
}
```

- 结果：

```
Employee [id=1, name=张飞, gender=true, birthday=1993-10-12, departId=1]
Employee [id=2, name=小乔, gender=false, birthday=1995-03-20, departId=1]
Employee [id=3, name=曹操, gender=true, birthday=1979-01-16, departId=1]
```

4．查询一列
- 需求：

查询员工名字这一列时可以使用 queryForList 方法，并且直接指定 List 中的每个元素的类型为 String.class。

- 代码：

```
/**
 * 查询所有员工的名字
 */
@Test
public void testQueryName() {
    //参数可以直接指定字符的类型
    List<String> list = jdbcTemplate.queryForList("select name from employee", String.class);
    for (String name : list) {
        System.out.println("名字：" + name);
    }
}
```

- 结果：

名字：张飞
名字：小乔
名字：曹操

5. 查询几列

- 需求：

查询员工的编号和姓名，并封装成 List<Map<String,Object>>对象。

- 代码：

```
/**
 * 查询几列
 */
@Test
public void testQueryColumns() {
    List<Map<String,Object>> list = jdbcTemplate.queryForList("select id,name from employee");
    //每个元素的键是列名，值是记录值
    for (Map<String, Object> map : list) {
        System.out.println(map);
    }
}
```

- 结果：

{id=1, name=张飞}
{id=2, name=小乔}
{id=3, name=曹操}

6. 聚合函数

- 需求：

查询一共有多少个员工，使用 queryForObject()方法。

- 代码：

```
/**
 * 查询一共有多少个员工
```

```
*/
@Test
public void testCount() {
    Integer num = jdbcTemplate.queryForObject("select count(*) from employee", Integer.class);
    System.out.println("一共有员工人数:" + num);
}
```

- 结果:

一共有员工人数:3

9.7 使用 JdbcDaoSupport 类

9.7.1 JdbcDaoSupport 类的作用

在编写数据访问层的时候,可以继承于 Spring JDBC 中提供的 JdbcDaoSupport 类。JdbcDaoSupport 类本身包含了一个 JdbcTemplate 实例变量,并开放了设置 DataSource 的接口,这样仅需要简单地继承于 JdbcDaoSupport 即可定义自己的 DAO 类。

查看 JdbcDaoSupport 类的 API,可以找到如表 9-8 所示的方法。

表 9-8 JdbcDaoSupport 中的方法及其功能

JdbcDaoSupport 中的方法	功 能
getJdbcTemplate()	返回 JdbcTemplate 对象,即可在自己的 DAO 类中使用它的 CRUD 的方法
setDataSource(DataSource dataSource)	注入数据源对象,可以在 applicationContext.xml 中将数据源对象注入给 JdbcDaoSupport 的子类,即用户所写的 Dao 类

9.7.2 创建自己的 Dao 类

1. 需求

在项目中创建 EmployeeDao 类,实现员工的增、删、改、查的操作,并且在测试类中进行测试。

2. 开发步骤

1)将 spring-jdbc-1 复制一份并命名为 spring-jdbc-2,完成的项目结构如图 9-18 所示。

图 9-18 项目结构

2）创建 org.newboy.dao.EmployeeDao 类，继承于 JdbcDaoSupport 类。

public class EmployeeDao extends JdbcDaoSupport

3）通过 XML 配置文件将数据源 dataSource 对象注入给 EmployeeDao。配置文件中已经没有了 JdbcTemplate 的配置。

```xml
<?xml version="1.0" encoding="UTF-8"?>
<beans xmlns="http://www.springframework.org/schema/beans"
    xmlns:xsi="http://www.w3.org/2001/XMLSchema-instance"
    xsi:schemaLocation="
        http://www.springframework.org/schema/beans
        http://www.springframework.org/schema/beans/spring-beans-4.2.xsd">

    <!-- 使用 Apache 的数据源 -->
    <bean id="dataSource" class="org.apache.commons.dbcp.BasicDataSource"
        destroy-method="close">
        <!-- 配置数据库驱动 -->
        <property name="driverClassName" value="com.mysql.jdbc.Driver" />
        <!-- 数据库连接字符串 -->
        <property name="url" value="jdbc:mysql://localhost:3306/spring_jdbc" />
        <!-- 用户名 -->
        <property name="username" value="root" />
        <!-- 密码 -->
        <property name="password" value="root" />
        <!--initialSize: 初始连接数 -->
        <property name="initialSize" value="5" />
        <!--maxIdle: 最大空闲连接数 -->
        <property name="maxIdle" value="10" />
        <!--minIdle: 最小空闲连接数 -->
        <property name="minIdle" value="5" />
        <!--maxActive: 最大连接数量 -->
        <property name="maxActive" value="30" />
    </bean>

    <!-- EmployeeDao，注入数据源 -->
    <bean id="employeeDao" class="org.newboy.dao.EmployeeDao">
        <property name="dataSource" ref="dataSource"/>
    </bean>
</beans>
```

4）在 EmployeeDao 中通过 getJdbcTemplate()方法得到 JdbcTemplate 对象，实现员工的增、删、改、查的操作。

```
package org.newboy.dao;

import java.util.List;

import org.newboy.entity.Employee;
```

```java
import org.springframework.jdbc.core.BeanPropertyRowMapper;
import org.springframework.jdbc.core.support.JdbcDaoSupport;

/**
 * 数据访问层，在 DAO 中得到 JdbcTemplate 对象
 *
 * @author NewBoy
 */
public class EmployeeDao extends JdbcDaoSupport {

    /**
     * 添加员工信息
     */
    public int addEmployee(Employee employee) {
        return getJdbcTemplate().update("insert into employee values(null,?,?,?,?)", employee.getName(), employee.isGender(), employee.getBirthday(), employee.getDepartId()); // 注意：性别是 isGender()
    }

    /**
     * 修改员工信息
     */
    public int updateEmployee(Employee employee) {
        return getJdbcTemplate().update("update employee set name=?,gender=?,birthday=?,depart_id=? where id=?",employee.getName(), employee.isGender(), employee.getBirthday(), employee.getDepartId(), employee.getId());
    }

    /**
     * 删除员工信息
     */
    public int deleteEmployee(int id) {
        return getJdbcTemplate().update("delete from employee where id=?", id);
    }

    /**
     * 查询所有员工信息
     */
    public List<Employee> findAllEmployees() {
        return getJdbcTemplate().query("select * from employee", new BeanPropertyRowMapper<>(Employee.class));
    }

}
```

5）在 TestEmployeeDao 中对所有的方法进行测试。

```java
package org.newboy.test;

import java.util.List;
```

```java
import org.junit.AfterClass;
import org.junit.BeforeClass;
import org.junit.Test;
import org.newboy.dao.EmployeeDao;
import org.newboy.entity.Employee;
import org.springframework.context.support.ClassPathXmlApplicationContext;

public class TestEmployeeDao {

    private static ClassPathXmlApplicationContext context;
    private static EmployeeDao employeeDao;

    /**
     * 从 Spring 容器中得到 employeeDao 对象
     */
    @BeforeClass
    public static void beforeClass() {
        // 得到 Spring 的上下文对象
        context = new ClassPathXmlApplicationContext("applicationContext.xml");
        employeeDao = (EmployeeDao) context.getBean("employeeDao");
    }

    @AfterClass
    public static void afterClass() {
        context.close();    //关闭容器上下文
    }

    /**
     * 测试添加方法
     */
    @Test
    public void testAddEmployee() {
        // 创建员工对象
        Employee employee = new Employee(0, "刘备", true, java.sql.Date.valueOf("2009-05-08"), 1);
        // 调用 Dao 方法添加员工
        System.out.println("成功添加" + employeeDao.addEmployee(employee) + "个员工");
    }

    /**
     * 测试修改方法
     */
    @Test
    public void testUpdateEmployee() {
        Employee employee = new Employee(3, "貂蝉", false, java.sql.Date.valueOf("1994-09-18"), 1);
        System.out.println("成功更新" + employeeDao.updateEmployee(employee) + "个员工");
    }
```

```java
/**
 * 测试删除方法
 */
@Test
public void testDeleteEmployee() {
    System.out.println("删除" + employeeDao.deleteEmployee(4) + "个员工");
}

/**
 * 测试查询所有员工方法
 */
@Test
public void testFindAllEmployees() {
    List<Employee> employees = employeeDao.findAllEmployees();
    for (Employee employee : employees) {
        System.out.println(employee);
    }
}
```

使用 JdbcDaoSupport 类可以简化 DAO 层的开发，是用户开发 DAO 类的一种比较好的解决方案。

本章总结

本章学习了 Spring 对 DAO 层的支持。Spring JDBC 可以简化 JDBC 的开发，它对 JDBC 进行了简单的封装，既保证了 JDBC 原生的高效性，又降低了 JDBC 的开发门槛。

本章不但学习了 Spring JDBC，而且学习了常用连接池工具的使用；学习了 DBCP、Druid 连接池的使用，几乎所有的连接池开发方式都大同小异，以后读者使用新的连接池应该也可以轻易上手。

Spring JDBC 最核心的类是 JdbcTemplate，通过 JdbcTemplate 类可以快速地完成对数据库 CRUD 的操作，而 JdbcDaoSupport 类可以进一步帮助用户简化 DAO 层的开发。

练习题

操作题

使用 DBCP 或 Druid 连接池和 JdbcTemplate 完成以下对表的操作。

1. 在数据库中创建部门表和员工表，包含字段如下。

1) 部门表包含字段：部门编号，部门名称（唯一且不能为空）。

2) 员工表包含字段：员工编号，员工姓名（唯一且不能为空），员工性别，员工职位，员工工资，入职日期。部门编号（外键）。

2. 先添加多个部门数据，再添加多条员工数据。

3．编写方法，接收员工编号和工资两个参数，方法内将指定编号的员工工资修改为新的工资。

4．编写方法，查询指定职位所有员工的信息，返回 List<Employee>集合。

5．编写方法，查询指定姓名的员工信息，返回 Employee 对象。

6．编写方法，根据员工姓名删除指定的员工信息。

7．编写方法，查询所有姓张的员工的工资并输出到控制台中，输出格式如下。

张三=10000
张飞=20000
……………

8．编写方法，接收一个工资参数，在方法内查询工资大于等于传入的工资的员工，返回符合条件的所有员工信息 List<Employee>集合。

9．编写方法，查询指定部门的所有员工信息，返回 List<Employee>集合。

第10章 MyBatis 框架实现数据库的操作

10.1 MyBatis3 框架

10.1.1 框架的概述

图 10-1 MyBatis

MyBatis（图 10-1）的前身是 iBatis，iBatis 是 Apache 的一个开源项目。2010 年，此项目由 Apache 软件基金会迁移到了 Google Code 并改名为 MyBatis。iBatis 一词来源于"internet"和"abatis"的组合，是一个基于 Java 的持久层框架。iBatis 提供的持久层框架包括两部分内容。

1）SQL Maps 用于数据库表与 JavaBean 之间的映射。
2）Data Access Objects 用于数据访问层的开发。

而 MyBatis 主要完成以下两种功能。

1）根据 JDBC 规范建立与数据库的连接。
2）通过注解 Annotaion+XML+Java 反射技术，实现 Java 对象与关系数据库之间的相互转化。

10.1.2 MyBatis 的优点

1）简单易学：MyBatis 本身就很小且简单，没有任何第三方依赖，最简单的安装只要两个 JAR 文件并配置几个 SQL 映射文件即可。

2）使用灵活：MyBatis 不会对应用程序或者数据库的现有设计强加任何影响。SQL 语句写在 XML 里，便于统一管理和优化。

3）解除 SQL 与程序代码的耦合：通过提供 DAO 层，将业务逻辑和数据访问逻辑分离，使系统的设计更清晰、更易维护、更易进行单元测试。SQL 语句和代码的分离，提高了可维护性。

4）提供映射标签：支持对象与数据库的 ORM 字段的关系映射。

5）提供 XML 标签：支持编写动态 SQL 语句。

10.1.3　MyBatis 的不足

1）编写 SQL 语句时工作量很大，尤其是字段多、关联表多时。

2）SQL 语句依赖于数据库，导致数据库移植性差，不能更换数据库。

3）框架还是比较简陋，功能尚有缺失，虽然简化了数据绑定代码，但是整个底层数据库查询实际上还是要自己编写的，工作量也比较大，且不太容易适应快速数据库修改。

4）二级缓存机制不佳。

10.2　MyBatis 下载与安装

因为 MyBatis 是免费开源的，MyBaits3 可以在以下两个地址下载。

1. 通过官网下载

官网下载地址是 https://github.com/mybatis/mybatis-3/releases，如图 10-2 所示。

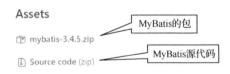

图 10-2　通过官网下载

2. 通过 Maven 中央库下载

在网址 http://search.maven.org/上输入 MyBatis 搜索并找到 JAR 即可，如图 10-3 所示。后期在开发过程中，如果缺少 JAR 包，基本上都可以在这个库中找到。

GroupId	ArtifactId	Latest Version	Updated	Download
com.talanlabs	bean-mybatis	1.0.0	19-Dec-2017	pom jar javadoc.jar sources.jar
com.jeesuite	jeesuite-mybatis	1.1.7 all (11)	30-Nov-2017	pom jar javadoc.jar sources.jar
org.mybatis	mybatis	3.4.5 all (26)	20-Aug-2017	pom jar javadoc.jar sources.jar

图 10-3　通过 Maven 中央库下载

3. MyBatis 文件夹

下载后得到以下两个文件。

1）mybatis-3.4.5.zip：这是 MyBatis 的核心包。

2）mybatis-3-mybatis-3.4.5.zip：这是 MyBatis 的源代码。

mybatis-3.4.5.zip 解压后得到下面的目录，其中包括一个目录 lib 和两个文件。目录结构如下：

```
mybatis-3.4.5
|-- lib,存放第三方依赖 JAR 包
    |-- mybatis-3.4.5.jar,核心 JAR 包
    |-- mybatis-3.4.5.pdf,学习使用的用户手册,英文版
```

10.3 快速入门:第 1 个 MyBatis 的程序

10.3.1 案例需求

在 MySQL 中创建两张表,一张是员工表,另一张是部门表,在 Java 中使用 MyBatis 框架向部门表中添加一个部门。

10.3.2 案例步骤

1)在 MySQL 中创建数据库 mybatis,在数据库中创建两张表:depart(部门)表和 employee(员工)表,部门与员工之间是一对多的关系。在本章中只用到了部门表,员工表在下一章才会使用,两张表的结构如图 10-4 所示。

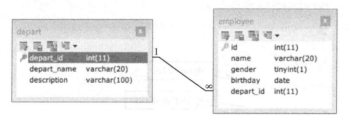

图 10-4 两张表的结构

```sql
-- 创建数据库
create database mybatis;

use mybatis;

-- 创建部门表
create table depart (
    depart_id int primary key auto_increment,   -- 主键自动增长
    depart_name varchar(20),  -- 部门的名称
    description varchar(100)   -- 部门说明
);

-- 创建员工表
create table employee(
    id int primary key auto_increment,   -- 主键,自动增长
    name varchar(20),       -- 员工的名字
    gender tinyint(1),      -- 性别
    birthday date,          -- 生日
```

```
        depart_id int ,
        -- 创建外键约束
        constraint fk_emp_dept   foreign key (depart_id) references depart(depart_id)
);
```

2）在 EclipseEE 中创建 Java 项目：mybatis-first。

3）复制下载的 lib 目录到项目目录下，再复制 mybatis-3.4.5.jar 和 MySQL 的驱动中的所有 JAR 文件，文件列表如图 10-5 所示。注意保证所有的包都有，缺少了包会导致程序运行失败。

图 10-5　文件列表

选中所有的 JAR 文件并右击，将 JAR 文件添加到项目的部署文件中，如图 10-6 所示。

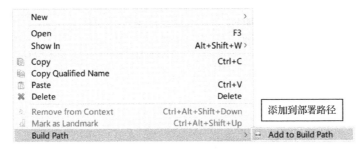

图 10-6　添加部署文件

4）在 src 目录下创建配置文件：mybatis-config.xml。这个配置文件的作用是帮助构建 SqlSessionFactory 类。XML 配置文件的 dtd 部分可以在 mybatis-3.4.5.pdf 文件中的 Getting Started 中找到。配置文件的内容及解释如下：

```
<?xml version="1.0" encoding="utf-8"?>
<!DOCTYPE configuration
    PUBLIC "-//mybatis.org//DTD Config 3.0//EN"
    "http://mybatis.org/dtd/mybatis-3-config.dtd">

<configuration>
    <environments default="newboy">
        <!-- 配置其中一个环境 -->
        <environment id="newboy">
```

```xml
            <transactionManager type="JDBC"/>
            <dataSource type="POOLED">
                <!-- 配置连接数据库的驱动 -->
                <property name="driver" value="com.mysql.jdbc.Driver"/>
                <!-- 配置连接数据库的 URL，其中 mybatis 是数据库名 -->
                <property name="url" value="jdbc:mysql://localhost:3306/mybatis"/>
                <!-- 配置连接数据库的用户名-->
                <property name="username" value="root"/>
                <!-- 配置连接数据库的密码 -->
                <property name="password" value="root"/>
            </dataSource>
        </environment>
    </environments>
</configuration>
```

5）写出与表对应的实体类，包名为 org.newboy.entity，类名为 Depart。

```java
/**
 * 部门实体类
 * @author NewBoy
 */
public class Depart {
    //全参的构造方法
    public Depart(int departId, String departName, String description) {
        super();
        this.departId = departId;
        this.departName = departName;
        this.description = description;
    }
    //无参的构造方法
    public Depart() {
        super();
    }
    //属性：部门 id，部门名称，部门描述
    private int departId;
    private String departName;
    private String description;
    //省略 getter/setter 方法

    //重写 toString 方法
    @Override
    public String toString() {
        return "Depart [departId=" + departId + ", departName=" + departName + ", description=" + description + "]";
    }
}
```

6）定义表与实体之间的映射文件和操作语句 DepartMapper.xml，XML 配置文件的 dtd 部分也可以在 mybatis-3.4.5.pdf 文件中的 Getting Started 中找到。因为这里实体类的属性名与表的

列名相同,所以映射可以省略。现在向部门表中添加 1 条记录。

```xml
<?xml version="1.0" encoding="UTF-8" ?>
<!DOCTYPE mapper PUBLIC "-//mybatis.org//DTD Mapper 3.0//EN"
"http://mybatis.org/dtd/mybatis-3-mapper.dtd">
<!-- 必须指定命名空间 -->
<mapper namespace="org.newboy.dao.DepartDao">
    <!-- 添加一个部门
        id 是一条 SQL 语句的唯一标识符
        SQL 语句问号占位符使用 #{} 格式
    -->
    <insert id="addDepart">
        INSERT INTO depart(depart_name,description) VALUES(#{departName},#{description})
    </insert>
</mapper>
```

7)修改 mybatis-config.xml 文件,添加 SQL 映射文件的配置。

```xml
<!-- 配置 SQL 映射文件 -->
<mappers>
    <!-- 指定一个 XxxMapper.xml 文件 -->
    <mapper resource="org/newboy/mapper/DepartMapper.xml"/>
</mappers>
```

8)编写 Java 代码部分。

```java
package org.newboy.test;

import java.io.IOException;
import java.io.InputStream;

import org.apache.ibatis.io.Resources;
import org.apache.ibatis.session.SqlSession;
import org.apache.ibatis.session.SqlSessionFactory;
import org.apache.ibatis.session.SqlSessionFactoryBuilder;
import org.newboy.entity.Depart;

public class TestDepart {
    public static void main(String[] args) throws IOException {
        //以输入流的方式加载 mybatis-config.xml 配置文件
        InputStream inputStream = Resources.getResourceAsStream("mybatis-config.xml");
        // 创建 SqlSessionFactory
        SqlSessionFactory sqlSessionFactory = new SqlSessionFactoryBuilder()
                .build(inputStream);

        // 创建会话对象
        SqlSession sqlSession = sqlSessionFactory.openSession();
        //创建实体类,封装数据
        Depart depart = new Depart();
```

```
        depart.setDepartName("取经部");
        depart.setDescription("大唐西天取经成立的部门");
        /**
         * 利用 SqlSession 完成所有的 CRUD 操作
         * 第一个参数：指定 SQL 语句在 XML 中的 id
         * 第二个参数：SQL 语句问号占位符的值
         * */
        sqlSession.insert("addDepart", depart);
        //必须要提交事务才能写入到表中，默认事务是开启的
        sqlSession.commit();
        // 关闭 SqlSession
        sqlSession.close();
    }
}
```

9）在 src 目录下创建 log4j.properties，可以在控制台上看到生成的 SQL 语句。

```
# configure root logger
log4j.rootLogger = debug,console

# mybatis3 logger
log4j.logger.org.apache.ibatis=debug

## APPENDERS ##
log4j.appender.console = org.apache.log4j.ConsoleAppender
log4j.appender.console.Threshold=debug
log4j.appender.console.Target=System.out
log4j.appender.console.layout = org.apache.log4j.PatternLayout
log4j.appender.console.layout.ConversionPattern =%p: %m%n [%d] [%c] [%r] [%t]%n
```

10）运行以后查看 MySQL 中添加的记录，如图 10-7 所示。

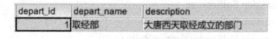

图 10-7　查看记录

11）整个项目的结构如图 10-8 所示。

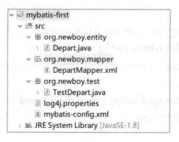

图 10-8　整个项目的结构

10.4 核心的 API

10.4.1 SqlSessionFactory 类

1. 类的概述

SqlSessionFactory 是 MyBatis 的关键对象，它是单个数据库映射经过编译后的内存镜像。SqlSessionFactory 对象的实例可以通过 SqlSessionFactoryBuilder 对象获得，而 SqlSessionFactoryBuilder 可以通过 XML 配置文件或一个预先定制的 Configuration 对象构建。

每一个 MyBatis 的应用程序都以一个 SqlSessionFactory 对象的实例为核心。同时，SqlSessionFactory 也是线程安全的，SqlSessionFactory 一旦被创建，应该在应用执行期间都存在。在应用运行期间不要重复创建多次，建议使用单例模式。SqlSessionFactory 是创建 SqlSession 的工厂。

```
/**
    SqlSessionFactory 接口源码如下所示
*/

package org.apache.ibatis.session;
import java.sql.Connection;

public interface SqlSessionFactory {

    SqlSession openSession();    //这个方法最常用，用来创建 SqlSession 对象
    /*
        方法有 2 个取值。
        设置为 false 时表示使用事务，即用于设置 Connection 不自动提交，这是默认的策略；
        设置为 true 时不使用事务，设置 Connection 自动提交
    */
    SqlSession openSession(boolean autoCommit);
    SqlSession openSession(Connection connection);           //指定连接对象创建一个会话对象
    SqlSession openSession(TransactionIsolationLevel level); //指定事务的隔离级别创建一个会话对象

    Configuration getConfiguration();                         //得到配置对象

}
```

2. 主要作用

1）其底层封装了数据源与事务管理器。
2）其对应一个数据库，通常情况下一个应用程序只对应一个 SqlSessionFactory。
3）它是创建 SqlSession 的工厂，用于创建 SqlSession 对象。

10.4.2 SqlSession 类

1. 类的概述

SqlSession 是 MyBatis 的关键对象，是执行持久化操作的对象，类似于 JDBC 中的 Connection。它是应用程序与持久层之间执行交互操作的一个单线程对象，也是 MyBatis 执行持久化操作的关键对象。SqlSession 对象包含所有执行 SQL 操作的方法，它的底层封装了 JDBC 连接，可以用 SqlSession 实例来直接执行被映射的 SQL 语句。

每个线程都应该有它自己的 SqlSession 实例，SqlSession 的实例不能被共享。同时，SqlSession 是线程不安全的，不能将 SqlSession 实例的引用放在一个类的静态字段甚至是实例字段中，也不能将 SqlSession 实例的引用放在任何类型的作用域中，如 Servlet 当中的 HttpSession 对象中。使用完 SqlSession 之后关闭 Session 很重要，应该确保使用 finally 块来关闭它。

2. 主要作用

1）其底层封装了数据库连接对象。
2）用它来完成所有持久化操作。
3）用完就要关闭，因为数据库连接对象用完是需要关闭的。

3. 常用方法

SqlSession 类的常用方法如表 10-1 所示。

表 10-1 SqlSession 类的常用方法

分 类	方 法	参 数 说 明
添加	int insert(String statement)	statement：指定映射文件中唯一的语句的 id 值 返回插入的记录数
	int insert(String statement, Object parameter)	statement：指定映射文件中唯一的语句的 id 值 parameter：用于传递参数的对象 返回插入的记录数
修改	int update(String statement)	statement：指定映射文件中唯一的语句的 id 值 返回修改的记录数
	int update(String statement, Object parameter)	statement：指定映射文件中唯一的语句的 id 值 parameter：用于传递参数的对象 返回修改的记录数
删除	int delete(String statement)	statement：指定映射文件中唯一的语句的 id 值 返回删除的记录数
	int delete(String statement, Object parameter)	statement：指定映射文件中唯一的语句的 id 值 parameter：用于传递参数的对象 返回删除的记录数
查询一行	T selectOne(String statement)	statement：指定映射文件中唯一的语句的 id 值 返回实体类对象
	T selectOne(String statement, Object parameter)	statement：指定映射文件中唯一的语句的 id 值 parameter：用于传递参数的对象 返回实体类对象

续表

分类	方法	参数说明
查询多行	List<E> selectList(String statement)	statement：指定映射文件中唯一的语句的 id 值 返回一个集合对象
	List<E> selectList(String statement, Object parameter)	statement：指定映射文件中唯一的语句的 id 值 parameter：用于传递参数的对象 返回一个集合对象

10.5 配置文件

MyBatis 的配置文件主要有两个：一个是 mybatis-config.xml，这是 MyBatis 的核心配置文件；另一个是 SQL 语句的映射文件，文件名是 XxxMapper.xml，Xxx 是自定义的实体名，不同的映射文件对应不同的文件。

10.5.1 核心配置文件 mybatis-config.xml

通过 MyBatis 的 dtd 约束 "http://mybatis.org/dtd/mybatis-3-config.dtd"，可以知道主要有以下几个标签，现在详细解释这几个标签的使用。

注意：这些标签编写是有先后顺序的，在 XML 文件中把光标放在 configuration 上，即可看到顺序。括号中的逗号表示元素依次出现，问号表示出现 0 次或 1 次。

```
(properties?, settings?, typeAliases?, typeHandlers?, objectFactory?,
 objectWrapperFactory?, reflectorFactory?, plugins?, environments?, databaseIdProvider?,
 mappers?)
```

1. properties 属性配置

其用于引入外部 properties 配置文件。在 src 目录下有 db.properties 文件，其内容如下：

```
jdbc.driver=com.mysql.jdbc.Driver
jdbc.url=jdbc:mysql://localhost:3306/mybatis
jdbc.name=root
jdbc.password=root
```

使用 properties 元素来引入外部 properties 配置文件的内容，我们可以将与数据库有关的配置信息写在.properties 的属性文件中，这样做的目的是将数据库配置部分分离，降低代码的耦合度。

properties 元素有以下两种不同的引入方式。

1）resource：用于引入类路径下的资源。

```xml
<properties resource="db.properties" />
```

2）url：用于引入网络路径或磁盘绝对路径下的资源。

```xml
<properties url="file:d:\java\mybatis-first\src\db.properties"/>
```

加入了 properties 元素以后，上面的配置文件就变成下面的写法。

```xml
<?xml version="1.0" encoding="UTF-8"?>
<!DOCTYPE configuration PUBLIC "-//mybatis.org//DTD Config 3.0//EN" "http://mybatis.org/dtd/mybatis-3-config.dtd">
<configuration>
    <properties resource="db.properties" />

    <environments default="newboy">
        <environment id="newboy">
            <transactionManager type="JDBC" />
            <!-- 通过属性文件来读取，数据库连接信息 -->
            <dataSource type="POOLED">
                <property name="driver" value="${jdbc.driver}" />
                <property name="url" value="${jdbc.url}" />
                <property name="username" value="${jdbc.name}" />
                <property name="password" value="${jdbc.password}" />
            </dataSource>
        </environment>
    </environments>

    <!-- 配置 SQL 映射文件 -->
    <mappers>
        <!-- 指定一个 XxxMapper.xml 文件 -->
        <mapper resource="org/newboy/mapper/DepartMapper.xml" />
    </mappers>
</configuration>
```

2. settings 全局设置

1）settings 元素中包含多个重要的设置项，用于运行时的全局环境配置。

2）setting 子元素表示具体的设置。

① name 属性表示设置项的名称。

② value 属性表示设置项的值。

常用的配置信息如下：

```xml
<settings>
    <!-- 启用缓存，提高查询性能 -->
    <setting name="cacheEnabled" value="true" />
    <!-- 使用延迟加载 -->
    <setting name="lazyLoadingEnabled" value="true" />
    <!-- 设置关联对象加载的形态，不会加载关联表的所有字段，以提高性能 -->
    <setting name="aggressiveLazyLoading" value="false" />
    <!-- 对于未知的 SQL 查询，允许返回不同的结果集以达到通用的效果 -->
    <setting name="multipleResultSetsEnabled" value="true" />
    <!-- 允许使用列标签代替列名 -->
    <setting name="useColumnLabel" value="true" />
    <!-- 允许使用自定义的主键值 -->
    <setting name="useGeneratedKeys" value="true" />
    <!-- 给予被嵌套的 resultMap 以字段-属性的映射支持 -->
```

```xml
    <setting name="autoMappingBehavior" value="FULL" />
    <!-- 对于批量更新操作缓存 SQL 以提高性能    -->
    <setting name="defaultExecutorType" value="BATCH" />
    <!-- 设置查询默认超时的时间，单位是毫秒 -->
    <setting name="defaultStatementTimeout" value="25000" />
</settings>
```

默认情况下，表中的列名与实体类的属性名相同，MyBatis 才能正确匹配表与实体类的映射。当 depart 表中有一列字段 depart_name，而实体类中的属性是 departName 时，可以通过设置 mapUnderscoreToCamelCase，自动完成 departName 到数据库中字段 depart_name 的转换。MyBatis 会自动完成驼峰命名的转换，此配置可以用于简化后期查询语句的编写。

```xml
<settings>
    <setting name="mapUnderscoreToCamelCase" value="true"/>
</settings>
```

3. typeAliases 别名配置

1）typeAliases 用于为 Java 类型起别名，别名不区分大小写。

2）typeAlias 用于为某个具体的 Java 类型取别名。

① type 属性用于指定 Java 的全类名，默认的别名类名是小写的。

② alias 属性用于指定别名的名称。

3）package 用于为某个包下所有类批量起别名。

name 属性表示包的名称，默认别名为类名小写。

```xml
<typeAliases>
    <typeAlias type="org.newboy.entity.Depart" alias="depart" />
    <!-- 这里重复配置了 Depart 类，开发的时候只需要配置一种即可 -->
<package name="org.newboy.entity" />
</typeAliases>
```

MyBatis 中已经预先定义了一些常用的 Java 类型的别名，它们都不区分字母大小写，如表 10-2 所示。注意：基本 Java 类型的别名前面都有下画线。

表 10-2　Java 数据类型及其别名

Java 数据类型	别　　名
long	_long
short	_short
int	_int
int	_integer
double	_double
float	_float
boolean	_boolean
String	string
Byte	byte
Long	long

续表

Java 数据类型	别　　名
Short	short
Integer	int
Integer	integer
Double	double
Float	float
Boolean	boolean
Date	date
BigDecimal	decimal
BigDecimal	bigdecimal
Object	object
Map	map
HashMap	hashmap
List	list
ArrayList	arraylist
Collection	collection
Iterator	iterator

4．environments 环境配置

1）environments 可以配置多种不同的环境，多种不同的环境可以达到快速切换不同配置的目的。它的 default 属性用于指定默认使用的某种环境，这里指定为其中一个 environment 元素的 id 属性值。

2）environment 用于配置一个具体的环境信息，id 属性表示当前环境的唯一标识。

3）transactionManager 表示事务管理器，type 属性用于设置事务管理器的类型。有以下两个取值。

① JDBC：使用 JDBC 的事务管理器。
② MANAGED：用于托管的事务管理器，使用 Web 容器或 Spring 容器来管理事务。

4）dataSource 用于配置数据源，type 属性用于指定数据源的类型。

① JNDI：由 Web 容器提供。
② POOLED：使用 MyBatis 自带的连接池。
③ UNPOOLED：不使用连接池。

```
<environments default="development">
    <environment id="test">
        <transactionManager type="JDBC" />
        <!-- 配置数据库连接信息 -->
        <dataSource type="POOLED">
            <property name="driver" value="${jdbc.driver}" />
            <property name="url" value="${jdbc.url}" />
            <property name="username" value="${jdbc.name}" />
            <property name="password" value="${jdbc.password}" />
```

```xml
            </dataSource>
        </environment>

        <environment id="development">
            <transactionManager type="JDBC" />
            <!-- 配置数据库连接信息 -->
            <dataSource type="POOLED">
                <property name="driver" value="${jdbc.driver}" />
                <property name="url" value="${jdbc.url}" />
                <property name="username" value="${jdbc.name}" />
                <property name="password" value="${jdbc.password}" />
            </dataSource>
        </environment>
    </environments>
```

5. mappers 对映射文件进行注册

1）mappers 将 SQL 映射注册到全局配置文件中。

2）mapper 注册一个 SQL 映射，mapper 注册有以下三种方式。

① 注册配置文件。

resource 属性用于引用类路径下的文件。

url 属性用于引用网络上或磁盘路径下的文件。

② 注册 mapper 接口。

class 属性：如果有映射文件，则接口和映射文件必须同名，而且放在同一个路径下；如果没有映射文件，则 SQL 语句使用注解的方式，需要注册接口。

③ package 批量注册。

使用批量注册时，接口和映射文件必须同名，而且放在同一个路径下。

```xml
<mappers>
    <mapper resource="org/newboy/mapper/DepartMapper.xml" />
    <mapper class="org.newboy.entity.DepartDao"/>
    <package name="org.newboy.entity"/>
</mappers>
```

10.5.2 映射配置文件

映射文件是以<mapper>作为根节点的，根节点中支持 9 个元素，分别为 insert、update、delete、select、cache、cache-ref、resultMap、parameterMap、sql。这里主要是对增、删、改进行描述，然后对查询进行详细说明，其他元素使用相对较少。

1. 增、删、改的配置说明

下面以 insert 元素为例进行说明，增、删、改的配置参数是一样的。

映射文件中以 mapper 为根元素节点，属性 namespace 用于指定命名空间，一般一个 namespace 对应一个 Dao 类。

```xml
<mapper namespace="org.newboy.dao.DepartDao">
```

insert 元素的属性如表 10-3 所示。

表 10-3 insert 元素的属性

属 性 名	说　明	默 认 值
id	id 是命名空间中的唯一标识符，可被用来代表这条 SQL 语句。这个 id 对应 Dao 里面的某个方法（相当于方法的实现），因此 id 应该与方法名一致	必须配置
parameterType	要传入语句的参数的类全名或别名，如果不配置，MyBatis 会通过 ParameterHandler 根据参数类型默认选择合适的 typeHandler 进行处理。用于指定参数类型，可以是 int、short、long、boolean 等基本类型，也可以是对象类型	可选配置，默认为 MyBatis 自动选择处理
flushCache	将其设置为 true，任何时候只要语句被调用，都会导致本地缓存和二级缓存被清空，默认值为 true（对应插入、更新和删除语句）	可选配置，默认配置为 true
statementType	STATEMENT、PREPARED 或 CALLABLE 中的一个。这会让 MyBatis 分别使用 JDBC 中的 Statement、PreparedStatement 或 CallableStatement	可选配置，默认配置为 PREPARED
keyProperty	用于说明 JavaBean 中对应的主键属性是哪个，MyBatis 会通过 getGeneratedKeys 的返回值或者通过 insert 语句的 selectKey 子元素设置它的键值，默认为 unset。如果是复合主键，希望得到多个生成的列，则也可以是逗号分隔的属性名称列表	可选配置，默认为 unset，仅对 insert 和 update 有用
keyColumn	用于说明表中主键是哪一列，通过生成的键值设置表中的列名，这个设置仅在某些数据库（像 PostgreSQL）中是必需的，当主键列不是表中的第一列的时候需要设置。如果是复合主键，希望得到多个生成的列，则也可以是逗号分隔的属性名称列表	可选配置，仅对 insert 和 update 有用
useGeneratedKeys	让 MyBatis 使用 JDBC 的 getGeneratedKeys 方法来取出由数据库内部生成的主键（如 MySQL 和 SQL Server 等的关系数据库管理系统的自动递增字段）	可选配置，默认为 false，仅对 insert 和 update 有用。默认值为 false
timeout	在抛出异常之前，驱动程序等待数据库返回请求结果的毫秒数	可选配置，默认为 unset，依赖于具体的数据库驱动

2. 映射文件配置的例子

这里给出了一个比较全面的配置说明，但是在实际使用过程中并不需要都进行配置。

```xml
<?xml version="1.0" encoding="UTF-8" ?>
<!DOCTYPE mapper PUBLIC "-//mybatis.org//DTD Mapper 3.0//EN"
"http://mybatis.org/dtd/mybatis-3-mapper.dtd">
<mapper namespace="org.newboy.dao.DepartDao">

    <insert id="addDepart" parameterType="depart" flushCache="true"
        statementType="PREPARED" keyProperty="id" keyColumn="depart_id"
        useGeneratedKeys="false" />

    <update id="updateDepart" parameterType="depart" flushCache="true"
        statementType="PREPARED" timeout="50" />

    <delete id="deleteDepart" parameterType="depart" flushCache="true"
```

```
            statementType="PREPARED" timeout="50" />
</mapper>
```

可根据自己的需要删除部分配置项。精简之后内容如下：

```xml
<?xml version="1.0" encoding="UTF-8" ?>
<!DOCTYPE mapper PUBLIC "-//mybatis.org//DTD Mapper 3.0//EN"
"http://mybatis.org/dtd/mybatis-3-mapper.dtd">
<mapper namespace="org.newboy.dao.DepartDao">

    <!-- 添加一个部门 -->
    <insert id="addDepart" parameterType="depart">
         insert into depart(depart_name,description) values(#{departname},#{description})
     </insert>

    <!-- 通过 id 删除一个部门 -->
    <delete id="deleteDepart" parameterType="int">
        delete from depart where depart_id = #{departId}
    </delete>

    <!-- 更新一个部门 -->
    <update id="updateDepart" parameterType="depart" >
         update depart set depart_name = #{departName}, description = #{description} where depart_id = #{departId}
     </update>
</mapper>
```

使用 JUnit 编写一个测试类来运行，可以看到运行的结果如下：

```java
package org.newboy.test;

import java.io.IOException;
import java.io.InputStream;

import org.apache.ibatis.io.Resources;
import org.apache.ibatis.session.SqlSession;
import org.apache.ibatis.session.SqlSessionFactory;
import org.apache.ibatis.session.SqlSessionFactoryBuilder;
import org.junit.After;
import org.junit.Before;
import org.junit.BeforeClass;
import org.junit.Test;
import org.newboy.entity.Depart;

public class TestDepartDao {

    //创建静态工厂类，只创建 1 次
    private static SqlSessionFactory factory;
    //创建会话类，每次操作都创建 1 个
```

```java
    private SqlSession sqlSession;

    //类加载之前运行 1 次
    @BeforeClass
    public static void    beforeClass() {
        try {
            InputStream inputStream = Resources.getResourceAsStream("mybatis-config.xml");
            factory = new SqlSessionFactoryBuilder().build(inputStream);
        } catch (IOException e) {
            e.printStackTrace();
        }
    }

    //每个测试方法执行前运行 1 次，得到一个会话
    @Before
    public void before() {
        sqlSession = factory.openSession();
    }

    //每个测试方法执行后运行 1 次，提交事务，关闭会话
    @After
    public void after() {
        sqlSession.commit();
        sqlSession.close();
    }

    //测试添加操作
    @Test
    public void testAddDepart() {
        Depart depart = new Depart(0, "财务部","一个收钱和花钱的部门");
        sqlSession.insert("addDepart", depart);
    }

    //测试更新操作
    @Test
    public void testUpdateDepart() {
        Depart depart = new Depart(1, "开发部","程序猿所在的部门");
        sqlSession.update("updateDepart", depart);
    }

    //测试删除操作
    @Test
    public void testDeleteDepart() {
        sqlSession.delete("deleteDepart", 1);
    }
}
```

3. insert 元素中的 useGeneratedKeys 和 keyProperties 属性

<insert>元素中的 useGeneratedKeys 和 keyProperties 属性是用来获取数据库中的主键。在数据库中经常会给数据库表设置一个自增长的列作为主键，如果操作数据库后希望能够获取这个主键，则应该怎么做呢？如果是支持自增长的数据库（如 MySQL 和 SQL Server 数据库），那么只需要设置 useGeneratedKeys 和 keyProperties 属性即可。

对 DepartMapper.xml 做一些修改：

```xml
<insert id="addDepart" parameterType="depart" useGeneratedKeys="true" keyProperty="departId">
    insert into depart(depart_name,description) values(#{departName},#{description})
</insert>
```

在 Java 代码中通过 JavaBean 的属性得到返回的主键值。

```java
//测试添加操作
@Test
public void testAddDepart() {
    Depart depart = new Depart(0, "财务部","一个收钱和花钱的部门");
    int row = sqlSession.insert("addDepart", depart);
    System.out.println("影响行数：" + row + ", 返回主键：" + depart.getDepartId());
}
```

4. insert 中的子元素 selectKey

除了通过上面的方式来得到表中最新插入记录的主键之外，还可以另一种方式来得到主键，来看如表 10-4 所示的配置说明。

表 10-4 配置说明

selectKey 的属性	属 性 说 明
keyProperty	selectKey 元素中包含的 SQL 语句运行的结果放在哪个 JavaBean 的属性中。如果希望得到多个生成的列，则也可以是逗号分隔的属性名称列表
resultType	指定主键的结果类型，一般不用定义。MyBatis 通常可以推算出来，但是为了更加确定，也可以定义。MyBatis 允许任何简单类型用做主键的类型，包括字符串。如果希望作用于多个生成的列，则可以使用一个 Object 或 Map
order	可以设置为 BEFORE 或 AFTER。如果设置为 BEFORE，那么它会首先选择主键，设置 keyProperty 的值后再执行插入语句。如果设置为 AFTER，那么先执行插入语句，再执行 selectKey 元素中的 SQL 语句
statementType	MyBatis 支持 STATEMENT、PREPARED 和 CALLABLE 语句的映射类型，分别代表 JDBC 中的 Statement、PreparedStatement 和 CallableStatement 类型

这种方式只针对一些不能使用自增长特性的数据库（如 Oracle），可以使用下面的配置来实现相同的功能：

```xml
<insert id="addDepart" parameterType="depart">
    <!-- Oracle 不支持 id 自增长的，可根据其 id 生成策略，先获取 id -->
    <selectKey resultType="int" order="BEFORE" keyProperty="departId">
        select seq_depart_id.nextval as departId from dual
    </selectKey>
</insert>
```

```
            insert    into    depart(depart_id, depart_name,description)    values(#{departId},#{departName},
#{description})
    </insert>
```

当然，在 MySQL 中配置文件可以这样写：

```
<insert id="addDepart" parameterType="depart">
    <!-- 调用 MySQL 的系统函数，得到最后插入记录的 id，在运行 SQL 之后得到    -->
    <selectKey keyProperty="departId" resultType="int" order="AFTER">
        SELECT LAST_INSERT_ID()
    </selectKey>
        insert into depart(depart_name,description) values(#{departName},#{description})
</insert>
```

测试的 Java 代码如下：

```
@Test
public void testAddDepart() {
    Depart depart = new Depart(0, "开发部", "程序猿所在的部门");
    int row = sqlSession.insert("addDepart", depart);
    System.out.println("添加" + row + "条记录，主键是：" + depart.getDepartId());
}
```

运行结果：

添加 1 条记录，主键是：3

介绍了 insert、update、delete 操作，接下来介绍使用比较多的 select 操作。

5. select 元素中的属性

select 元素的属性如表 10-5 所示。

表 10-5 select 元素的属性

select 的属性	属性说明	默认值
id	id 是命名空间中的唯一标识符，可被用来代表这条语句。一个命名空间（namespace）对应一个 Dao 接口，这个 id 也应该对应 Dao 中的某个方法（相当于方法的实现），因此 id 应该与方法名一致	必须配置
parameterType	要传入语句的参数的类全名或别名。如果不配置，MyBatis 会通过 ParameterHandler 根据参数类型默认选择合适的 typeHandler 进行处理。parameterType 主要指定参数类型，可以是 int、short、long、boolean 等基本类型，也可以是对象	可选配置，默认为 MyBatis 自动选择处理
resultType	用来指定返回类型，指定的类型可以是基本类型，可以是集合类，也可以是一个 JavaBean	resultType 与 resultMap 二选一配置
resultMap	用于引用通过 resultMap 标签定义的映射类型，这也是 MyBatis 组件复杂映射的关键	resultType 与 resultMap 二选一配置
flushCache	将其设置为 true，任何时候只要语句被调用，都会导致本地缓存和二级缓存被清空	可选配置，默认值为 false

续表

select 的属性	属性说明	默认值
useCache	将其设置为 true，将会导致本条语句的结果被二级缓存	可选配置，默认值：select 元素默认值为 true
timeout	在抛出异常之前，驱动程序等待数据库返回请求结果的毫秒数	可选配置，默认值为 unset（依赖驱动）
fetchSize	尝试影响驱动程序每次批量返回的结果行数	默认值为 unset（依赖驱动）
statementType	设置生成 SQL 语句的方式：STATEMENT、PREPARED 或 CALLABLE 的一个。这会让 MyBatis 分别使用 JDBC 中的 Statement、PreparedStatement 或 CallableStatement	可选配置，默认值为 PREPARED
resultSetType	用于设置 JDBC 结果集的类型，取值是 FORWARD_ONLY、SCROLL_SENSITIVE 或 SCROLL_INSENSITIVE 中的一个	可选配置，默认值为 unset（依赖驱动）

下面通过一个案例来讲解 select 元素。需求：查询 id 为 2 的部门，并且将查询结果显示在控制台上。

注意：因为表的列名与 JavaBean 的属性名不同，所以 SQL 语句使用 as 取了别名，告诉 MyBatis 如何将这列数据封装到对应的属性中。但这里的写法是多余的，因为上面在 mybatis-config.xml 的 setting 元素中已经配置了 mapUnderscoreToCamelCase 为 true，会自动将列名使用驼峰命名的属性进行封装。

DepartMapper.xml 中的配置信息如下：

```xml
<!-- 通过 id 查询一个部门 -->
<select id="findDepartById" resultType="depart" parameterType="int">
    select depart_id as departId, depart_name as departName, description from depart where depart_id = #{departId}
</select>
```

这里的#{departId}中的变量名可以随意写。Java 代码如下：

```java
//测试查询 1 个部门
@Test
public void testFindDepartById() {
    Depart depart = sqlSession.selectOne("findDepartById", 2);
    System.out.println("2 号部门是：" + depart);
}
```

查询结果如下，若要输出部门对象，则需要重写 toString 方法。

2 号部门是：Depart [departId=2, departName=取经部, description=大唐西天取经成立的部门]

6. select 元素的 resultType 和 resultMap

select 元素在返回结果集的时候，可以使用 resultType 或 resultMap，两者只能选择其一。其写法如下：

```xml
<select id="xxx" resultType|resultMap>
    select 语句
</select>
```

两者只能选择其中一个，怎么选择呢？

1）resultType：指定具体的数据类型，当表中列名与属性名一致时，就可以自动映射。

2）resultMap：当列名与属性名不一致的时候，需要自己配置列与属性的对应关系。

那么 resultMap 中又有哪些配置呢？表 10-6 中列出了 resultMap 的配置，其中部分属性会在下一章中使用到。

表 10-6　resultMap 的配置

resultMap 属性或子元素	说　　明
id	属性：用于给这个映射类型取一个唯一的名称
type	属性：用于指定基于哪个 JavaBean 进行映射配置，可以使用别名
<id property="" column=""/>	子元素： id 用于标识这个 JavaBean 对象的唯一性，不一定会是数据库的主键； property 属性对应 JavaBean 的属性名； column 对应数据库表的列名
<result property="" column=""/>	子元素： result 元素用于对应普通属性
<constructor> <idArg column=""/> <arg column=""/> </constructor>	子元素： constructor 对应 JavaBean 中的构造方法； idArg 对应构造方法中的 id 参数； arg 对应构造方法中的普通参数
<collection property="" column="" ofType=""/>	子元素： collection 对应 JavaBean 中的集合类型，用于实现一对多的关联操作； property 为 JavaBean 中集合对应的字段名； column 对应数据库中的列名； ofType 指定 JavaBean 集合中的每一个元素的类型
<association property="" column="" javaType=""/>	子元素： association 实现多对一的关联关系； property 为 JavaBean 中集合对应字段名； column 对应数据库中的列名； javaType 指定关联的类型

案例：在部门表中，列名是 depart_id 与 depart_name，而 Depart 类的属性名称分别是 departId 与 departName，可以定义一个 resultMap，取一个唯一的 id 名，告诉 MyBatis 如何进行列与属性的映射。

```
<!-- 创建一个映射配置 -->
<resultMap type="depart" id="departMap">
    <!-- 用于映射主键列与属性 -->
    <id column="depart_id" property="departId" />
    <!-- 用于映射普通列与属性 -->
    <result column="depart_name" property="departName" />
```

```xml
<!-- 相同的名称，description 不用映射 -->
</resultMap>
```

配置好以后，查询所有的记录，将查询结果设置成前面定义的 departMap：

```xml
<!-- 查询所有的部门 -->
<select id="findAllDeparts" resultMap="departMap">
    select * from depart
</select>
```

在上面的配置中，如果在 mybatis-config.xml 中定义了别名，则可以写成：type="depart"。

```xml
<typeAliases>
    <typeAlias type="org.newboy.entity.Depart" alias="depart" />
</typeAliases>
```

Java 中的代码如下：

```java
//查询所有的部门
@Test
public void testFindAllDeparts() {
    List<Depart> departs = sqlSession.selectList("findAllDeparts");
    for (Depart depart : departs) {
        System.out.println(depart);
    }
}
```

此段代码的运行结果是查询到所有的部门信息。

10.5.3 其他查询的映射配置

接下来进一步对各种查询操作进行讲解，为了让代码更加清晰，将项目 mybatis-first 复制一份并命名为 mybatis-mapper。项目结构如图 10-9 所示。

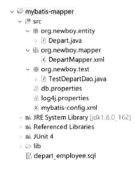

图 10-9 项目结构

mybatis-config.xml 配置文件如下：

```xml
<?xml version="1.0" encoding="UTF-8"?>
<!DOCTYPE configuration PUBLIC "-//mybatis.org//DTD Config 3.0//EN" "http://mybatis.org/dtd/mybatis-3-config.dtd">
```

```xml
<configuration>
    <!-- 加载 db.properties 属性文件 -->
    <properties resource="db.properties" />

    <settings>
        <!-- 自动完成列名与属性名的驼峰命名的转换 -->
        <setting name="mapUnderscoreToCamelCase" value="true" />
    </settings>

    <!--为部门定义别名 -->
    <typeAliases>
        <typeAlias type="org.newboy.entity.Depart" alias="depart" />
    </typeAliases>

    <environments default="development">
        <environment id="development">
            <!-- 使用 JDBC 的事务管理器 -->
            <transactionManager type="JDBC" />
            <!-- 配置数据库连接信息 -->
            <dataSource type="POOLED">
                <property name="driver" value="${jdbc.driver}" />
                <property name="url" value="${jdbc.url}" />
                <property name="username" value="${jdbc.name}" />
                <property name="password" value="${jdbc.password}" />
            </dataSource>
        </environment>
    </environments>

    <!-- 配置 SQL 映射文件 -->
    <mappers>
        <mapper resource="org/newboy/mapper/DepartMapper.xml" />
    </mappers>

</configuration>
```

DepartMapper.xml 文件内容如下，只配置了一个命名空间：

```xml
<?xml version="1.0" encoding="UTF-8" ?>
<!DOCTYPE mapper PUBLIC "-//mybatis.org//DTD Mapper 3.0//EN"
"http://mybatis.org/dtd/mybatis-3-mapper.dtd">
<mapper namespace="org.newboy.dao.DepartDao">
</mapper>
```

TestDepartDao.java 测试类的内容与上一个案例的代码相同，有 beforeClass()、before()、after() 三个方法，在 beforeClass()中创建会话工厂，在 before()中创建会话，在 after()中提交事务，关闭会话。另外两个文件 db.properties 和 log4j.properties 的内容与前面的项目内容相同。在此基础上进行下一步的代码编写。

1. 查询某一列的数据

- DepartMapper.xml 文件配置如下：

```xml
<!-- 查询某一列的数据 -->
<select id="findDepartNames" resultType="string">
    select depart_name as departName from depart
</select>
```

注意：小写的 string 已经由 MyBatis 定义成了 java.lang.String 别名。同时，上面的 as departName 可以省略。

- TestDepartDao.java 中的代码如下：

```java
//查询某一列数据
@Test
public void testFindDepartNames() {
    List<String> names = sqlSession.selectList("findDepartNames");
    for (String name : names) {
        System.out.println(name);
    }
}
```

运行上面的代码，得到所有部门名称的集合并输出。

2. 查询多列数据

- DepartMapper.xml 文件配置如下：

```xml
<!-- 查询多列 -->
<select id="findColumns" resultType="map">
    select depart_id, depart_name from depart
</select>
```

注意：map 也是 java.util.Map 的别名，查询出来的每条记录都封装成一个 Map，如图 10-10 所示。键是表中的列名，值是表中的记录值。

图 10-10　查询的每条记录都封装成一个 Map

- TestDepartDao.java 中的代码如下：

```java
//查询多列数据
@Test
public void testFindColumns() {
    List<Map<String,Object>> departs = sqlSession.selectList("findColumns");
    for (Map<String, Object> map : departs) {
        System.out.println(map);
    }
}
```

查询的结果是一个 List 集合，代表多条记录，List 中每个元素都是一个 Map，代表一条记录。输出结果如下：

```
{depart_id=1, depart_name=取经部}
{depart_id=2, depart_name=财务部}
{depart_id=3, depart_name=开发部}
```

3. 聚合函数查询

● DepartMapper.xml 文件配置如下：

```xml
<!-- 查询一共有多少个部门 -->
<select id="findCount" resultType="long">
    select count(*) from depart
</select>
```

注意：统计个数返回的数据类型是 long，而不是 int。这里的 long 也被 MyBatis 定义成了 java.lang.Long 的别名。

● TestDepartDao.java 中的代码如下：

```java
//查询有多少个部门
@Test
public void testFindCount() {
    Long count = sqlSession.selectOne("findCount");
    System.out.println("一共有" + count + "个部门");
}
```

运行结果：

```
一共有 3 个部门
```

4. 分页查询

● DepartMapper.xml 文件配置如下：

```xml
<!-- 分页查询 -->
<select id="findByPage" resultType="depart">
    select * from depart limit #{pageIndex}, #{pageSize}
</select>
```

● TestDepartDao.java 中的代码如下：

```java
// 分页查询
@Test
public void testFindByPage() {
    //使用 map 来封装要传递的参数
    Map<String, Object> map = new HashMap<>();
    map.put("pageIndex", 2);
    map.put("pageSize", 2);
    //下标从 0 开始，从第 2 条开始，每页显示 2 条
    List<Depart> departs = sqlSession.selectList("findByPage", map);
    for (Depart depart : departs) {
        System.out.println(depart);
```

}
}

其中，用来传递参数的 Map 中有两个键——pageIndex 和 pageSize，必须与配置文件中的参数名相同。

10.6 DAO 实现的三种方式

学习完 MyBatis 的配置文件之后，下面编写 MyBatis 实现数据访问对象（Data Access Object，DAO）的代码。在 MyBatis 中对表进行 CRUD 操作的 DAO 一共有三种实现方式，分别如下：

1）基于 XxxMapper.xml 映射文件的方式。
2）基于数据访问接口+XxxMapper.xml 映射文件的方式。
3）基于数据访问接口+注解的方式。

分别使用这三种方式来操作表中的数据。

10.6.1 基于 XxxMapper.xml 映射文件的访问方式

将项目再复制一份并命名为 mybatis-dao-1，整个项目结构如图 10-11 所示。

图 10-11 项目结构

1）所有没有提到的配置文件，代码都与前一个案例相同。
2）编写 DepartMapper.xml 文件，实现 CRUD 的功能。

```
<?xml version="1.0" encoding="UTF-8" ?>
<!DOCTYPE mapper PUBLIC "-//mybatis.org//DTD Mapper 3.0//EN"
"http://mybatis.org/dtd/mybatis-3-mapper.dtd">
<mapper namespace="org.newboy.dao.DepartDao">
    <insert id="addDepart" parameterType="depart">
        <!-- 调用 MySQL 的系统函数，得到最后插入记录的 id，在运行 SQL 之后得到 -->
        <selectKey keyProperty="departId" resultType="int" order="AFTER">
```

```xml
                SELECT LAST_INSERT_ID()
        </selectKey>
        insert into depart(depart_name,description)
        values(#{departName},#{description})
    </insert>

    <!-- 通过 id 删除一个部门 -->
    <delete id="deleteDepart" parameterType="int">
        delete from depart where depart_id = #{departId}
    </delete>

    <!-- 更新一个部门 -->
    <update id="updateDepart" parameterType="depart">
        update depart set depart_name = #{departName}, description = #{description}
        where depart_id = #{departId}
    </update>

    <!-- 查询所有的部门 -->
    <select id="findAllDeparts" resultType="depart">
        select * from depart
    </select>
</mapper>
```

3）创建一个工具类，包含静态方法，用来得到会话类。

```java
package org.newboy.utils;

import java.io.IOException;
import java.io.InputStream;

import org.apache.ibatis.io.Resources;
import org.apache.ibatis.session.SqlSession;
import org.apache.ibatis.session.SqlSessionFactory;
import org.apache.ibatis.session.SqlSessionFactoryBuilder;

/**
 * 得到会话的工具类
 */
public class SqlSessionUtils {

    // 静态工厂类，只创建一次
    private static SqlSessionFactory factory;

    // 线程安全的容器类
    private static ThreadLocal<SqlSession> local = new ThreadLocal<>();

    // 在静态代码块中创建一次工厂类即可
    static {
        try {
```

```java
            InputStream inputStream = Resources.getResourceAsStream("mybatis-config.xml");
            factory = new SqlSessionFactoryBuilder().build(inputStream);
        } catch (IOException e) {
            e.printStackTrace();
        }
    }

    /**
     * 得到一个会话类
     *
     * @return
     */
    public static SqlSession getSqlSession() {
        // 先从容器中得到一个会话
        SqlSession sqlSession = local.get();
        // 如果容器中没有会话，则从工厂类中创建一个，并放到容器中
        if (sqlSession == null) {
            sqlSession = factory.openSession();
            local.set(sqlSession);
        }
        return sqlSession;
    }

    /**
     * 提交并关闭会话
     */
    public static void commitAndClose() {
        // 得到与上面相同的一个会话对象
        SqlSession sqlSession = getSqlSession();
        if (sqlSession != null) {
            try {
                sqlSession.commit();
            } finally {
                // 关闭会话，并从容器中删除当前的会话
                sqlSession.close();
                local.remove();
            }
        }
    }
}
```

4) 编写一个 DAO 接口，定义 DAO 中操作数据的 CRUD 的方法。

```java
package org.newboy.dao;

import java.util.List;

import org.newboy.entity.Depart;
```

```java
/**
 * 部门 DAO 的接口
 * @author NewBoy
 *
 */
public interface DepartDao {
    
    /**
     * 添加部门
     */
    public int addDepart(Depart depart);
    
    /**
     * 更新部门
     */
    public int updateDepart(Depart depart);
    
    /**
     * 删除部门
     */
    public int deleteDepart(int departId);
    
    /**
     * 所有记录
     */
    public List<Depart> findAllDeparts();
    
}
```

5）编写接口的实现类，实现操作数据库的方法。

```java
package org.newboy.dao;

import java.util.List;

import org.apache.ibatis.session.SqlSession;
import org.newboy.entity.Depart;
import org.newboy.utils.SqlSessionUtils;

/**
 * 部门 DAO 的实现类
 */
public class DepartDaoImpl implements DepartDao {
    
    @Override
    public int addDepart(Depart depart) {
        //通过工具类得到会话对象
        SqlSession sqlSession = SqlSessionUtils.getSqlSession();
```

```java
        int row = sqlSession.insert("org.newboy.dao.DepartDao.addDepart", depart);
        //提交事务,并且关闭会话
        SqlSessionUtils.commitAndClose();
        return row;
    }

    @Override
    public int updateDepart(Depart depart) {
        SqlSession sqlSession = SqlSessionUtils.getSqlSession();
        int row = sqlSession.insert("org.newboy.dao.DepartDao.updateDepart", depart);
        SqlSessionUtils.commitAndClose();
        return row;
    }

    @Override
    public int deleteDepart(int departId) {
        SqlSession sqlSession = SqlSessionUtils.getSqlSession();
        int row = sqlSession.insert("org.newboy.dao.DepartDao.deleteDepart", departId);
        SqlSessionUtils.commitAndClose();
        return row;
    }

    @Override
    public List<Depart> findAllDeparts() {
        // 通过自定义的工具类得到会话
        SqlSession sqlSession = SqlSessionUtils.getSqlSession();
        List<Depart> departs = sqlSession.selectList("org.newboy.dao.DepartDao.findAllDeparts");
        //关闭会话即可
        SqlSessionUtils.commitAndClose();
        return departs;
    }

}
```

6)编写 JUnit 测试类,对 DAO 中的方法进行测试。

```java
package org.newboy.test;

import java.util.List;

import org.junit.Test;
import org.newboy.dao.DepartDao;
import org.newboy.dao.DepartDaoImpl;
import org.newboy.entity.Depart;

public class TestDepartDao {

    // 创建 DAO 类
```

```java
        DepartDao departDao = new DepartDaoImpl();

    @Test
    public void testAddDepart() {
        // 添加 1 条记录，主键自动增长
        Depart depart = new Depart(0, "测试部", "给程序猿挑毛病的部门");
        int row = departDao.addDepart(depart);
        System.out.println("添加" + row + "条记录，主键是：" + depart.getDepartId());
    }

    @Test
    public void testUpdateDepart() {
        // 对 id 为 1 的部门进行更新
        Depart depart = new Depart(1, "行政部", "为人民服务");
        int row = departDao.updateDepart(depart);
        System.out.println("修改了" + row + "条记录");
    }

    @Test
    public void testDeleteDepart() {
        // 删除主键为 2 的记录
        System.out.println("删除了" + departDao.deleteDepart(2) + "条记录");
    }

    // 查询所有的记录数
    @Test
    public void testFindAllDeparts() {
        List<Depart> departs = departDao.findAllDeparts();
        for (Depart depart : departs) {
            System.out.println(depart);
        }
    }
}
```

10.6.2　基于数据访问接口+XxxMapper.xml 文件的访问方式

使用基于 XxxMapper.xml 映射文件的实现方式是需要写 DAO 实现类的，而 DepartDaoImpl.java 实现类中的很多代码是冗余的。MyBatis 的设计者发现这个实现类是多余的，只要有接口即可。由 MyBatis 用接口＋XML 映射文件生成代理的类，由代理类实现 DAO 接口中的方法。而用户只需要直接调用接口中的方法即可。接下来学习这种实现方式。

将 mybatis-dao-1 复制一份并重命名为 mybatis-dao-2，项目的完整结构如图 10-12 所示。

在这个项目中，与 mybatis-dao-1 不同的是没有了 DepartDaoImpl 实现类。而其他代码都没有变化，唯一变化的是 TestDepartDao.java 类，其中 sqlSession 对象调用了一个 getMapper（接口.class）方法，得到了 DepartDao 接口的代理对象。使用这个方法之前必须处理好以下两个问题。

图 10-12　项目的完整结构

1）DepartMapper.xml 要与数据访问接口关联，如何关联呢？在 DepartMapper.xml 中指定命名空间的名称，<mapper namespace="org.newboy.dao.DepartDao">为这个接口的名称。

2）DepartDao.java 接口中的方法名要求与 DepartMapper.xml 文件中的增、删、改、查的配置 id 一样。

那么可以通过以下方法获取数据访问接口的代理对象：

sqlSession.getMapper(接口.class);

TestDepartDao.java 类的代码如下：

```
package org.newboy.test;

import java.util.List;

import org.junit.After;
import org.junit.Before;
import org.junit.Test;
import org.newboy.dao.DepartDao;
import org.newboy.entity.Depart;
import org.newboy.utils.SqlSessionUtils;

public class TestDepartDao {

    //这里只有接口，没有实现类
    private DepartDao departDao;

    @Before
    public void before() {
        //getMapper()方法，通过接口得到其代理对象，也就是实现类
        departDao = SqlSessionUtils.getSqlSession().getMapper(DepartDao.class);
    }

    @Test
    public void testAddDepart() {
        // 添加 1 条记录，主键自动增长
```

```java
            Depart depart = new Depart(0, "测试部", "给程序猿挑毛病的部门");
            int row = departDao.addDepart(depart);
            System.out.println("添加" + row + "条记录，主键是：" + depart.getDepartId());
        }

        @Test
        public void testUpdateDepart() {
            // 对 id 为 1 的部门进行更新
            Depart depart = new Depart(1, "行政部", "为人民服务");
            int row = departDao.updateDepart(depart);
            System.out.println("修改了" + row + "条记录");
        }

        @Test
        public void testDeleteDepart() {
            // 删除主键为 2 的记录
            System.out.println("删除了" + departDao.deleteDepart(2) + "条记录");
        }

        @Test
        public void testFindAllDeparts() {
            List<Depart> departs = departDao.findAllDeparts();
            for (Depart depart : departs) {
                System.out.println(depart);
            }
        }

        /*
         * 注：每个增、删、改测试方法最后都要提交事务
         */
        @After
        public void after() {
            SqlSessionUtils.commitAndClose();
        }
    }
```

运行的效果与 mybatis-dao-1 的效果是一样的，但生成的代理对象并没有提交事务，所以需要在业务层对事务进行管理。如果使用 Spring 管理事务，则提交事务的代码不必写到 DAO 中，可在业务层进行控制，使用这种方式代码量会更少。

10.6.3 基于数据访问接口+注解的访问方式

目前使用框架开发时比较流行的开发方式是使用注解，这样可以省略 XML 文件中烦琐的配置，提高了开发效率，但也增加了代码与配置的耦合度，但相比之下，开发效率更重要。

现在将项目再复制一份，并重命名为 mybatis-dao-3，整个项目完整的结构如图 10-13 所示。

第10章 MyBatis框架实现数据库的操作

图 10-13 项目结构

通过这个项目结构可以看到，这次没有用到 XxxMapper.xml 映射文件，直接将 SQL 语句通过注解的方式写在了 DepartDao.java 的接口中。下面是部分注解的使用介绍：

```
@Insert("sql 语句")                    //添加记录的注解
@SelectKey(
keyColumn="ID",                        //主键列的列名
    keyProperty="id",                  //对象中的属性
    resultType=Integer.class,          //返回的数据类型
    statement="SELECT LAST_INSERT_ID()", //要得到主键执行的 SQL 语句
    before=false)                      //设置该语句是在 insert 语句前执行还是在 insert 语句后执行
@Update("sql 语句")                    //修改的注解
@Delete("sql 语句")                    //删除的注解

@Select("sql 语句")                    //查询的注解
@Results({
  @Result()                            //结果集的映射
})
```

mybatis-config.xml 中最后的映射配置发生了变化，这里的 mapper 的属性为 class，而不是之前的 resource，用于指定接口的名称。

```
<!-- 配置相应的接口文件 -->
<mappers>
    <mapper class="org.newboy.dao.DepartDao"/>
</mappers>
```

接口 DepartDao 中代码变化比较多，所有的方法上都加了注解，但是没有了 XML 配置文件。

```
package org.newboy.dao;

import java.util.List;

import org.apache.ibatis.annotations.Delete;
import org.apache.ibatis.annotations.Insert;
```

```java
import org.apache.ibatis.annotations.Param;
import org.apache.ibatis.annotations.Result;
import org.apache.ibatis.annotations.Results;
import org.apache.ibatis.annotations.Select;
import org.apache.ibatis.annotations.SelectKey;
import org.apache.ibatis.annotations.Update;
import org.newboy.entity.Depart;

/**
 * 部门 DAO 的接口
 *
 * @author NewBoy
 */
public interface DepartDao {

    //插入记录的注解，后面直接跟 SQL 语句
    @Insert("insert into depart(depart_name,description) values(#{departName},#{description})")
    //得到新添加记录的主键
    @SelectKey(
            keyProperty = "departId",
            keyColumn = "depart_id",
            before = false,
            resultType = Integer.class,
            statement = "SELECT LAST_INSERT_ID()"
    )
    public int addDepart(Depart depart);


    //更新记录的注解
    @Update("update depart set depart_name = #{departName}, description = #{description}   where depart_id = #{departId}")
    public int updateDepart(Depart depart);


    //删除记录的注解
    @Delete("delete from depart where depart_id = #{id}")
    //@Param 用于指定参数的名称，如果名称一样，则可以省略
    public int deleteDepart(@Param("id") int departId);

    //查询的注解
    @Select("select * from depart")
    //相当于结果集的映射，这里也可以省略
    @Results({
        @Result(id=true, column="depart_id", property="departId", javaType=Integer.class),
        @Result(column="depart_name", property="departName", javaType=String.class)
    })
    public List<Depart> findAllDeparts();

}
```

在上面的注解配置中，有些也不是必需的，实际代码还可以更少。省略了 DepartMapper.xml 映射文件。如果运行 TestDepartDao.java 的测试代码，则会发现这个测试类依然可以正常运行。

以上就是 MyBatis 实现表 CRUD 的三种方式，目前开发中第 2 种和第 3 种方式比较常用，第 1 种是比较早的方式。

本章总结

本章学习了 MyBatis 的入门知识，先重点介绍了核心 API——SqlSessionFactory 类和 SqlSession 类的使用；又对 MyBatis 的核心配置文件 mybatis-config.xml 中的各项配置进行了详细的介绍；最后学习了 MyBatis 中 DAO 实现的三种方式。通过本章的学习，学习者应已经可以使用 MyBatis 对数据库进行基本的增、删、改、查的操作。下一章中将会学习 MyBatis 的一些高级特性。

练习题

操作题

使用 MyBatis 完成以下操作。

创建员工表和映射文件，包含字段：编号，姓名，性别，入职日期，工资。

1）使用 MyBatis 向员工表中插入 3 条记录。

2）使用 MyBatis 将 3 号员工的名字改成"猪八戒"，工资改成 5300，入职日期改成 2017-02-01。

3）查询所有的员工类，封装成 List<Employee>后返回。

4）查询所有员工的平均工资。

5）查询所有姓"张"的员工的信息。

6）通过 ID 查询指定员工的信息，并且封装成一个员工对象后返回。

7）通过 ID 删除指定的员工，并且返回删除的行数。

第11章 MyBatis 框架的高级使用

11.1 实体之间的关系映射

数据库实体间有三种对应关系：一对一、一对多、多对多。
1）一对一关系：一个学生对应一个学生档案。
2）一对多关系：一个员工只属于一个部门，但是一个部门有多名员工。
3）多对多关系：一个订单中可以包含多件商品，而一件商品也可以出现在多个订单中。

11.1.1 一对多的关系

一对多关系是最常见的一种关系。在这种关系中，A 表中的一行可以匹配 B 表中的多行，但是 B 表中的一行只能匹配 A 表中的一行，如图 11-1 所示。只有当一个相关列是一个主键或具有唯一约束时，才能创建一对多关系。比较常见的有部门和员工、省份和城市、用户与订单等。

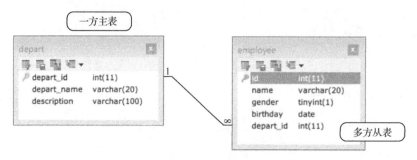

图 11-1 一对多关系

两者之间的关系通过外键约束来维护，一方是主表，多方是从表，即一个部门包含多个员工，一个员工只属于一个部门。下面通过案例来学习 MyBatis 中的一对多的映射关系。

1. 表数据的准备

使用第 10 章的员工表和部门表，部门表中的主键是 depart_id 列，员工表中的主键是 id 列。员工表中的外键是 depart_id，对应部门表中的主键 depart_id。建表的代码参考第 10 章。

向部门表中添加一个部门，向员工表中添加这个部门中的三名员工的信息。

```
-- 插入 1 个部门
insert into depart (depart_name, description) values ('取经部', '大唐派往西天取经的小分队');

select * from depart;

-- 插入 3 名员工的信息
insert into employee (name,gender,birthday,depart_id) values
 ('孙悟空', true, '1985-02-11', 1),('猪八戒', true, '1986-03-06', 1),('沙悟净', true, '1988-04-18', 1);

 select * from employee;
```

部门表的数据如图 11-2 所示。

depart_id	depart_name	description
1	取经部	大唐派往西天取经的小分队

图 11-2 部门表的数据

员工表的数据如图 11-3 所示。

id	name	gender	birthday	depart_id
1	孙悟空	1	1985-02-11	1
2	猪八戒	1	1986-03-06	1
3	沙悟净	1	1988-04-18	1

图 11-3 员工表的数据

2. 多方的配置

将第 10 章的 mybatis-first 项目复制一份，并重命名为 mybatis-adv-1。项目的结构有一点变化，删除了一些类，保留了几个类，JAR 包没有变化，如图 11-4 所示。

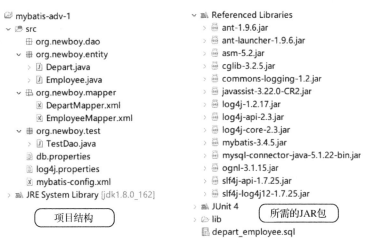

图 11-4 项目结构和所需的 JAR 包

在此基础上进行关系映射的开发。

● 案例需求：

创建员工与部门的关系映射，查询某个部门的所有员工，同时输出部门的名称。

● 案例步骤：

1）创建员工和部门实体类，其中员工对部门是多对一的关系，员工是多方。

① 部门实体类与第 10 章相同。

② 员工的实体类如下。其中配置了部门的属性 depart，生成 getter 和 setter 方法，重写了 toString()方法。

```java
package org.newboy.entity;
import java.sql.Date;
/**
 * 员工实体类
 * @author NewBoy
 */
public class Employee {
    private int id; // 编号
    private String name; // 姓名
    private boolean gender; // 性别
    private Date birthday; // 生日，使用的是 java.sql.Date
    private Depart depart; // 所在部门对象，指定多对一的关联对象

    @Override
    public String toString() {
        return "Employee [id=" + id + ", name=" + name + ", gender=" + gender + ", birthday=" + birthday + "]";
    }
    //省略了 getter 和 setter 方法
}
```

2）db.properties 和 log4j.properties 内容不变，同第 10 章。

3）mybatis-config.xml 内容如下，配置有一些变化，增加了员工的映射配置。

```xml
<?xml version="1.0" encoding="UTF-8"?>
<!DOCTYPE configuration PUBLIC "-//mybatis.org//DTD Config 3.0//EN" "http://mybatis.org/dtd/mybatis-3-config.dtd">
<configuration>
    <!-- 导入数据库的配置属性 -->
    <properties resource="db.properties" />

    <typeAliases>
        <!-- 给指定包下所有的实体类定义别名，即指定了别名 depart 和 employee -->
        <package name="org.newboy.entity" />
    </typeAliases>

    <environments default="development">
        <environment id="development">
```

```xml
            <transactionManager type="JDBC" />
            <!-- 配置数据库连接信息 -->
            <dataSource type="POOLED">
                <property name="driver" value="${jdbc.driver}" />
                <property name="url" value="${jdbc.url}" />
                <property name="username" value="${jdbc.name}" />
                <property name="password" value="${jdbc.password}" />
            </dataSource>
        </environment>
    </environments>

    <!-- 配置 SQL 映射文件 -->
    <mappers>
        <mapper resource="org/newboy/mapper/DepartMapper.xml" />
        <mapper resource="org/newboy/mapper/EmployeeMapper.xml" />
    </mappers>
</configuration>
```

4）配置 DepartMapper.xml 文件，创建通过 id 查询部门的 SQL 语句。

```xml
<?xml version="1.0" encoding="UTF-8" ?>
<!DOCTYPE mapper PUBLIC "-//mybatis.org//DTD Mapper 3.0//EN"
"http://mybatis.org/dtd/mybatis-3-mapper.dtd">
<mapper namespace="org.newboy.dao.DepartDao">

    <!--对列名与属性名进行映射 -->
    <resultMap type="depart" id="departMap">
        <!-- 主键的映射 -->
        <id property="departId" column="depart_id"/>
        <!-- 其他列的映射，名称相同的不映射 -->
        <result property="departName" column="depart_name"/>
    </resultMap>

    <!-- 通过 id 查询这个部门的信息 -->
    <select id="selectDepartById" resultMap="departMap">
        select * from depart where depart_id = #{departId}
    </select>
</mapper>
```

5）配置 EmployeeMapper.xml 文件，配置员工与部门的关系映射，id 为 employeeMap。
6）创建查询某部门所有员工的 SQL 语句，id 为 selectEmployees。

```xml
<?xml version="1.0" encoding="UTF-8" ?>
<!DOCTYPE mapper PUBLIC "-//mybatis.org//DTD Mapper 3.0//EN"
"http://mybatis.org/dtd/mybatis-3-mapper.dtd">
<mapper namespace="org.newboy.dao.EmployeeDao">

    <!--
        type: 指定 employee 的别名
```

```
            id: 指定当前结果映射的唯一名称
            其他列名与属性同名的属性不用指定
         -->
         <resultMap type="employee" id="employeeMap">
             <!--
            配置关联对象
            property: 指定 Employee 对象中的属性名
            column: 指定表中的外键列名
            javaType: 指定 depart 属性的数据类型，使用 depart 的别名
            select: 指定在 DepartMapper 中的查询语句 id，同时写上命名空间
             -->
             <association property="depart" column="depart_id" javaType="depart"
                 select="org.newboy.dao.DepartDao.selectDepartById" />
         </resultMap>

         <!-- 通过部门 id 查询这个部门的所有员工，指定映射的 id -->
         <select id="selectEmployees" resultMap="employeeMap">
             select * from employee where depart_id = #{departId}
         </select>
</mapper>
```

7）测试类 TestDao.java，查询某个部门的所有员工，同时输出部门的名称。

```
package org.newboy.test;

import java.io.IOException;
import java.io.InputStream;
import java.util.List;

import org.apache.ibatis.io.Resources;
import org.apache.ibatis.session.SqlSession;
import org.apache.ibatis.session.SqlSessionFactory;
import org.apache.ibatis.session.SqlSessionFactoryBuilder;
import org.junit.After;
import org.junit.Before;
import org.junit.BeforeClass;
import org.junit.Test;
import org.newboy.entity.Employee;

/**
 * DAO 的测试类
 * @author NewBoy
 *
 */
public class TestDao {

    //创建静态工厂类，只创建 1 次
    private static SqlSessionFactory factory;
    //创建会话类，每次操作都创建 1 个类
```

```java
    private SqlSession sqlSession;

    //类加载之前运行 1 次
    @BeforeClass
    public static void   beforeClass() {
        try {
            InputStream inputStream = Resources.getResourceAsStream("mybatis-config.xml");
            factory = new SqlSessionFactoryBuilder().build(inputStream);
        } catch (IOException e) {
            e.printStackTrace();
        }
    }

    //每个测试方法执行前运行 1 次，得到一个会话
    @Before
    public void before() {
        sqlSession = factory.openSession();
    }

    //每个测试方法执行后运行 1 次，提交事务，关闭会话
    @After
    public void after() {
        sqlSession.commit();
        sqlSession.close();
    }

    /**
     * 查询某个部门的所有员工，同时输出部门的名称
     */
    @Test
    public void testFindEmployees() {
        //第 1 个参数是指定映射文件中的命名空间和查询 id，第 2 个参数是部门的 id
        List<Employee> list = sqlSession.selectList("org.newboy.dao.EmployeeDao.selectEmployees", 1);
        for (Employee employee : list) {
            System.out.println("姓名：" + employee.getName() + "，生日：" + employee.getBirthday() + "，部门名：" + employee.getDepart().getDepartName());
        }
    }

}
```

● 运行结果：

```
DEBUG: ==>   Preparing: select * from employee where depart_id = ?
DEBUG: ==> Parameters: 1(Integer)
DEBUG: ====>   Preparing: select * from depart where depart_id = ?
DEBUG: ====> Parameters: 1(Integer)
姓名：孙悟空，生日：1985-02-11，部门名：取经部
姓名：猪八戒，生日：1986-03-06，部门名：取经部
```

姓名：沙悟净，生日：1988-04-18，部门名：取经部

3．一方部门表的配置

● 案例需求：

查询所有的部门信息，并且通过关联得到这个部门中的所有员工，一个部门对象中包含一组员工的集合。

● 案例步骤：

1）修改 Depart.java 实体类，添加 List<Employee>属性，并且生成 getter/setter 方法。

```java
package org.newboy.entity;
import java.util.List;
/**
 * 部门的实体类
 *
 * @author NewBoy
 */
public class Depart {
    private int departId;
    private String departName;
    private String description;
    private List<Employee> employees;

    public List<Employee> getEmployees() {
        return employees;
    }

    public void setEmployees(List<Employee> employees) {
        this.employees = employees;
    }
//省略 getter/setter 方法
}
```

2）修改 DepartMapper.xml 映射文件，添加一方的关联配置，id 为 realtionMap。

3）在 DepartMapper.xml 中添加查询所有部门的 SQL 语句，id 为 selectAllDeparts，将查询结果封装成上面的关系映射 relationMap。

4）EmployeeMapper.xml 中没有变化，其中的 id="selectEmployees"在 DepartMapper.xml 中被引用了。

```xml
<?xml version="1.0" encoding="UTF-8" ?>
<!DOCTYPE mapper PUBLIC "-//mybatis.org//DTD Mapper 3.0//EN"
"http://mybatis.org/dtd/mybatis-3-mapper.dtd">
<mapper namespace="org.newboy.dao.DepartDao">

    <!--对列名与属性名进行映射 -->
    <resultMap type="depart" id="departMap">
        <!-- 主键的映射 -->
        <id property="departId" column="depart_id"/>
        <!-- 其他列的映射，名称相同的不映射 -->
```

```xml
        <result property="departName" column="depart_name"/>
    </resultMap>

    <!-- 部门结果集的关系映射，继承于上面的映射 -->
    <resultMap type="depart" id="relationMap" extends="departMap">
        <!-- 部门与员工之间存在一对多的关联关系 (集合)
            property: 指定关联的属性名 employees
            column:   指定 depart 表的主键列的列名
            ofType:   指定集合中元素的类型 employee
            javaType: 指定属性类型，即集合的类型 List 或 Set
            select:   指定查询语句，格式为 namespace.id
         -->
        <collection property="employees"
                column="depart_id"
                ofType="employee"
                javaType="list"
                select="org.newboy.dao.EmployeeDao.selectEmployees"/>
    </resultMap>

    <!-- 通过 id 查询这个部门的信息 -->
    <select id="selectDepartById" resultMap="departMap">
        select * from depart where depart_id = #{departId}
    </select>

    <!-- 查询所有的部门 -->
    <select id="selectAllDeparts" resultMap="relationMap">
        select * from depart
    </select>
</mapper>
```

5）在 TestDao.java 中添加测试方法。

```java
/**
 * 查询所有员工的信息
 */
@Test
public void testFindDeparts() {
    List<Depart> list = sqlSession.selectList("org.newboy.dao.DepartDao.selectAllDeparts");
    for (Depart depart : list) {
        System.out.println("部门名：" + depart.getDepartName());
        System.out.println("---------");
        //得到这个部门中的所有员工
        List<Employee> employees = depart.getEmployees();
        for (Employee employee : employees) {
            System.out.println(employee);
        }
    }
}
```

- 运行结果：

部门名：取经部

Employee [id=1, name=孙悟空, gender=true, birthday=1985-02-11]
Employee [id=2, name=猪八戒, gender=true, birthday=1986-03-06]
Employee [id=3, name=沙悟净, gender=true, birthday=1988-04-18]

11.1.1 多对多的关系

1. 表数据的准备

在多对多关系中，A 表中的一行可以匹配 B 表中的多行，反之亦然。要创建这种关系，需要定义第三张表，称为关系表。关系表中的主键由 A 表和 B 表的外键组成。实际应用中比较常见的有：学生和课程、作者和书籍、订单和商品等。我们以学生和课程为例，一名学生可以选择多门课程，而一门课程也可以被多名学生选择。它们之间的关系如图 11-5 所示。

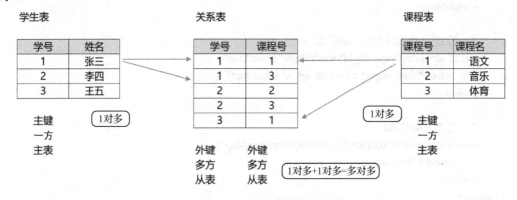

图 11-5 多对多的关系

学生表对于关系表来说是一对多的关系，学生是一方，关系表是多方。而课程表对关系表来说也是一对多的关系，课程表是一方，关系表是多方。两个一对多加在一起，学生表与课程表之间的关系就变成了多对多的关系。在 MySQL 中创建表，代码如下：

```
-- 创建多对多的关系
-- 创建学生表
create table student(
    id int primary key auto_increment,
    stu_name varchar(20)
)

select * from student;
-- 插入 3 名学生信息
insert into student values (null, '张三'),(null, '李四'),(null, '王五');

-- 创建课程表
create table course(
    id int primary key auto_increment,
```

```
    course_name varchar(20)
)
-- 插入3门课程
insert into course values (null, '语文'),(null, '音乐'),(null, '体育');

select * from course

-- 创建关系表
create table student_course (
    student_id int ,
    course_id int,
    -- 创建复合主键
    primary key(student_id, course_id),
    -- 创建外键
    foreign key (student_id) references student(id),
    foreign key (course_id) references course(id)
)
-- 插入两者的关系：1号学生选择1号课程，1号学生选择3号课程，以此类推
insert into student_course values (1,1),(1,3),(2,2),(2,3),(3,1);
select * from student_course;
```

表的关系图如图 11-6 所示。

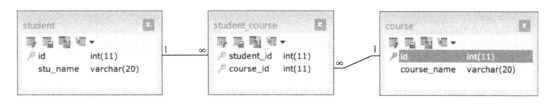

图 11-6 表的关系图

2. 实现多对多的映射

多对多的实体就是两个实体对象中都包含对方的实体集合对象，即 Student 的属性中包含一个 Set<Course>的集合，而 Course 实体的属性中有一个 Set<Student>的集合。下面使用 Set 集合（当然，也可以使用 List 集合，这里用 Set 是尝试不同的集合对象）。同时，在 XML 映射配置文件中需要使用<collection>元素，并设置它的属性。下面通过代码来实现需求。

需求 1：通过 id 查询指定学生以及其所学的所有课程的信息。

需求 2：通过 id 查询学习某门课程的学生。

开发步骤如下。

1）在 Eclipse 中将 mybatis-adv-1 工程复制成 mybatis-adv-2，删除多余的类。这次省略了 DAO 接口。完成以后的工程结构如图 11-7 所示。

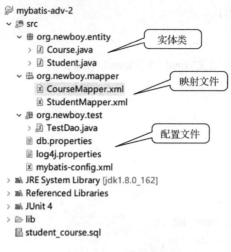

图 11-7　工程结构

2）创建实体类 Student，包含一个 Set<Course>属性，省略 getter 和 setter 方法的代码如下：

```java
package org.newboy.entity;

import java.util.Set;

/**
 * 学生类
 * @author NewBoy
 */
public class Student {

    private int id;
    private String stuName;       //姓名
    private Set<Course> courses;  //所选课程集合

    @Override
    public String toString() {
        return "Student [id=" + id + ", stuName=" + stuName + ", courses=" + courses + "]";
    }

    //省略 getter 和 setter 方法
}
```

3）创建实体类 Course，包含一个 Set<Student>属性，省略 getter 和 setter 方法的代码如下：

```java
package org.newboy.entity;

import java.util.Set;

/**
 * 课程类
 * @author NewBoy
```

```java
*/
public class Course {

    private int id;
    private String courseName; // 课程名
    private Set<Student> students; // 选择这门课程的学生集合

    @Override
    public String toString() {
        return "Course [id=" + id + ", courseName=" + courseName + ", students=" + students + "]";
    }

    //省略 getter 和 setter 方法
}
```

4)在 mybatis-config.xml 中,类型别名使用包扫描的方式,默认别名就是类名,不区分字母的大小写。

```xml
<?xml version="1.0" encoding="UTF-8"?>
<!DOCTYPE configuration PUBLIC "-//mybatis.org//DTD Config 3.0//EN"
"http://mybatis.org/dtd/mybatis-3-config.dtd">
<configuration>
    <!-- 导入数据库的配置属性 -->
    <properties resource="db.properties" />

    <!-- 将表中有下画线的列名映射成 JavaBean 属性的驼峰命名的变量名 -->
    <settings>
        <setting name="mapUnderscoreToCamelCase" value="true"/>
    </settings>

    <typeAliases>
        <!-- 给指定包下所有的实体类定义别名 -->
        <package name="org.newboy.entity" />
    </typeAliases>

    <environments default="development">
        <environment id="development">
            <transactionManager type="JDBC" />
            <!-- 配置数据库连接信息 -->
            <dataSource type="POOLED">
                <property name="driver" value="${jdbc.driver}" />
                <property name="url" value="${jdbc.url}" />
                <property name="username" value="${jdbc.name}" />
                <property name="password" value="${jdbc.password}" />
            </dataSource>
        </environment>
    </environments>
```

```xml
    <!-- 配置 SQL 映射文件 -->
    <mappers>
        <mapper resource="org/newboy/mapper/StudentMapper.xml" />
        <mapper resource="org/newboy/mapper/CourseMapper.xml" />
    </mappers>
</configuration>
```

5) 配置 StudentMapper.xml 映射文件，在结果集 resultMap 元素中配置多对多的关系。这里使用 Set 集合，因为 Set 集合在 MyBatis 的内置别名中并没有定义，所以在 XML 的映射配置文件中 Java 类型需要使用类全名。

```xml
<?xml version="1.0" encoding="UTF-8" ?>
<!DOCTYPE mapper PUBLIC "-//mybatis.org//DTD Mapper 3.0//EN"
"http://mybatis.org/dtd/mybatis-3-mapper.dtd">
<mapper namespace="org.newboy.dao.StudentDao">

    <!-- 其他的属性都没有映射，只指定了集合的属性 -->
    <resultMap type="student" id="studentMap">
        <!--
            property:  指定关联的属性名
            column:    指定 student 表的主键列的列名，用于给 select 中指定的 SQL 语句传递参数
            ofType:    指定集合中单个元素的类型
            javaType:  指定属性类型，即集合的类型
            select:    指定查询语句，格式为 namespace.id，参数由上面的 column 指定
        -->
        <collection property="courses"
                column="id"
                ofType="course"
                javaType="java.util.Set"
                select="org.newboy.dao.CourseDao.findCoursesByStudent"/>
    </resultMap>

    <!-- 通过 id 查询指定的学生，指定查询结果为映射 studentMap -->
    <select id="findStudentById" resultMap="studentMap">
        select * from student where id = #{id}
    </select>

    <!--
    通过课程 id，查询学习这门课程的学生，
    是给下面的 CourseMapper.xml 映射文件中的 collection 元素使用的
    -->
    <select id="findStudentsByCourse" resultType="student">
        select s.* from student s inner join student_course sc inner join
        course c on s.id = sc.student_id and c.id = sc.course_id where c.id = #{id};
    </select>
</mapper>
```

6) 配置 CourseMapper.xml 映射文件，在结果集映射中配置多对多的关系。

```xml
<?xml version="1.0" encoding="UTF-8" ?>
<!DOCTYPE mapper PUBLIC "-//mybatis.org//DTD Mapper 3.0//EN"
"http://mybatis.org/dtd/mybatis-3-mapper.dtd">
<mapper namespace="org.newboy.dao.CourseDao">

    <!-- 课程的映射,多对多的关系 -->
    <resultMap type="course" id="courseMap">
        <!--
            property:  指定关联的属性名
            column:    指定 course 表的主键列的列名,用于给下面的 select 语句传递参数
            ofType:    指定集合中单个元素的类型
            javaType:  指定属性类型,即集合的类型
            select:    指定查询语句,格式为 namespace.id,参数由上面的 column 指定
        -->
        <collection property="students"
                    column="id"
                    ofType="student"
                    javaType="java.util.Set"
                    select="org.newboy.dao.StudentDao.findStudentsByCourse"/>
    </resultMap>

    <!-- 通过指定学生的 id 得到其所学习的所有课程信息,这是给 StudentMapper.xml 中的 collection 元素使用的 -->
    <select id="findCoursesByStudent" resultType="course">
        select c.* from student s inner join student_course sc inner join
        course c on s.id = sc.student_id and c.id = sc.course_id where s.id = #{id}
    </select>

    <!-- 通过 id 查询指定的课程 -->
    <select id="findCourseById" resultMap="courseMap">
        select * from course where id = #{id}
    </select>
</mapper>
```

7)在测试类中查询 1 号学生和 2 号学生学习了哪些课程。

8)在测试类中查询学习了 1 号课程的学生有哪些。

```java
package org.newboy.test;

import java.io.IOException;
import java.io.InputStream;
import java.util.List;
import java.util.Set;

import org.apache.ibatis.io.Resources;
import org.apache.ibatis.session.SqlSession;
import org.apache.ibatis.session.SqlSessionFactory;
import org.apache.ibatis.session.SqlSessionFactoryBuilder;
```

```java
import org.junit.After;
import org.junit.Before;
import org.junit.BeforeClass;
import org.junit.Test;
import org.newboy.entity.Course;
import org.newboy.entity.Student;

/**
 * DAO 的测试类
 * @author NewBoy
 *
 */
public class TestDao {

    //创建静态工厂类，只创建 1 次
    private static SqlSessionFactory factory;
    //创建会话类，每次操作都创建 1 个类
    private SqlSession sqlSession;

    //类加载之前运行 1 次
    @BeforeClass
    public static void    beforeClass() {
        try {
            InputStream inputStream = Resources.getResourceAsStream("mybatis-config.xml");
            factory = new SqlSessionFactoryBuilder().build(inputStream);
        } catch (IOException e) {
            e.printStackTrace();
        }
    }

    //每个测试方法执行前运行 1 次，得到一个会话
    @Before
    public void before() {
        sqlSession = factory.openSession();
    }

    //每个测试方法执行后运行 1 次，提交事务，关闭会话
    @After
    public void after() {
        sqlSession.commit();
        sqlSession.close();
    }

    /**
     * 查询指定学生所学的课程
     */
    @Test
    public void testFindStudent() {
```

```java
        // 得到 1 号学生
        Student s1 = sqlSession.selectOne("org.newboy.dao.StudentDao.findStudentById", 1);
        System.out.println("学生：" + s1.getStuName());
        System.out.println("课程：");
        // 输出 1 号学生所学的课程
        Set<Course> courses1 = s1.getCourses();
        for (Course course : courses1) {
            System.out.println(course.getCourseName());
        }
        // 得到 2 号学生
        Student s2 = sqlSession.selectOne("org.newboy.dao.StudentDao.findStudentById", 2);
        System.out.println("学生：" + s2.getStuName());
        System.out.println("课程：");
        // 输出 2 号学生所学的课程
        Set<Course> courses2 = s2.getCourses();
        for (Course course : courses2) {
            System.out.println(course.getCourseName());
        }
    }

    /**
     * 查询学习某门课程的学生有哪些
     */
    @Test
    public void testFindCourse() {
        //查询 1 号课程
        Course course = sqlSession.selectOne("org.newboy.dao.CourseDao.findCourseById", 1);
        System.out.println("课程名：" + course.getCourseName());
        System.out.println("学习这门课程的学生：");
        //得到学习这门课程的学生
        Set<Student> students = course.getStudents();
        for (Student student : students) {
            System.out.println(student.getStuName());
        }
    }
}
```

- 运行结果：

```
学生：张三
课程：
语文
体育
----------
学生：李四
课程：
音乐
体育
----------
```

课程名：语文
学习这门课程的学生：
张三
王五

11.2 优化查询性能

11.2.1 使用延迟加载

1. 默认的情况

在前面一对多的案例中，MyBatis 在默认的情况下是及时加载的。当查询部门 Depart 对象的时候，无论后期有没有访问部门的属性 List<Employee> employees，都会将这个部门中所有关联的员工对象加载进来。

下面来验证一下，再次打开前面的 mybatis-adv-1 项目，在这个项目的基础上开始后面的代码编写。

1）打开 DepartMapper.xml，添加新的查询代码：

```xml
<!-- 通过 id 查询这个部门的信息，注意：与前面的区别是 resultMap 的值是 relationMap -->
<select id="selectDepart" resultMap="relationMap">
    select * from depart where depart_id = #{departId}
</select>
```

2）在 TestDao.java 中添加测试方法：

```java
/**
 * 通过部门 id 查询 1 个部门的信息
 */
@Test
public void testFindDepart() {
    Depart depart = sqlSession.selectOne("org.newboy.dao.DepartDao.selectDepart",1);
    System.out.println("部门名：" + depart.getDepartName());
}
```

3）可以在控制台上看到 MyBatis 生成的 SQL 语句，即使没有访问 employees 属性，也会将这个部门中的全部员工对象查询出来。有两条 SQL 语句出现在输出部门的信息之前。

```
DEBUG: ==>  Preparing: select * from depart where depart_id = ?
DEBUG: ==> Parameters: 1(Integer)
DEBUG: ====>  Preparing: select * from employee where depart_id = ?   -- 多余的 SQL 语句
DEBUG: ====> Parameters: 1(Integer)
部门名：取经部
```

在 Eclipse 的调试窗口中可以看到员工的集合属性是有值的，如图 11-8 所示。

```
depart                    Depart (id=40)
    departId              1
    departName            "取经部" (id=50)
    description           "大唐派往西天取经的小分队" (id=55)
    employees             ArrayList<E> (id=56)
        elementData       Object[10] (id=65)
            [0]           Employee (id=67)
            [1]           Employee (id=69)
            [2]           Employee (id=70)
```

图 11-8　集合属性有值

2. 打开延迟加载

如果后期没有访问员工的属性，则部门对象加载员工这个集合属性是没有含义的，这对数据库的查询性能来说也是不划算的。因为这不但多出一些没用的查询语句，还会增加数据库服务器的工作量，如果通过网络传输这些数据会增加网络的带宽占用。所以可以使用延迟加载，当查询部门的时候，如果只查询部门的信息，没有访问员工的属性，则不会加载员工的集合。只有访问员工属性 employees 的时候才再次发送一条 SQL 语句来查询员工对象的集合——这就是延迟加载。

在 MyBatis 中要打开延迟加载需要在 mybatis-config.xml 中添加两条配置语句。注意：<settings>配置放在<properties>之后，<typeAliases>之前，位置不能放错。

```xml
<!-- 配置全局的设置信息 -->
<settings>
    <!-- 延迟加载设置为 true -->
    <setting name="lazyLoadingEnabled" value="true"/>
    <!-- 及时加载设置为 false -->
    <setting name="aggressiveLazyLoading" value="false"/>
</settings>
```

再次运行测试方法 testFindDepart()，查看控制台打印的信息，会发现少了一条 SQL 语句。

```
DEBUG: ==>  Preparing: select * from depart where depart_id = ?
DEBUG: ==> Parameters: 1(Integer)
DEBUG: <==      Total: 1
部门名：取经部
```

在 Eclipse 的调试窗口中可以看到员工的集合属性是空的，如图 11-9 所示。

图 11-9　集合属性为空

修改 testFindDepart()测试方法，输出这个部门中所有员工的姓名：

```
/**
 * 通过部门 id 查询 1 个部门的信息
 */
```

```
@Test
public void testFindDepart() {
    Depart depart = sqlSession.selectOne("org.newboy.dao.DepartDao.selectDepart",1);
    System.out.println("部门名：" + depart.getDepartName());
    //得到这个部门中的所有员工的信息
    List<Employee> employees = depart.getEmployees();
    for (Employee employee : employees) {
        System.out.println("员工名：" + employee.getName());
    }
}
```

此时可发现运行结果是输出了部门的名称之后，在执行输出员工姓名的时候才发出第 2 条 SQL 语句，控制台输出结果如下：

```
DEBUG: ==>  Preparing: select * from depart where depart_id = ?
DEBUG: ==> Parameters: 1(Integer)
DEBUG: <==      Total: 1
部门名：取经部
DEBUG: ==>  Preparing: select * from employee where depart_id = ?
DEBUG: ==> Parameters: 1(Integer)
DEBUG: <==      Total: 3
员工名：孙悟空
员工名：猪八戒
员工名：沙悟净
```

11.2.2 查询缓存

1. 查询缓存的原理

默认情况下，MyBatis 每次向数据库请求查询数据，都会向数据库发送 SQL 语句进行查询。在实际应用中，有些相同的查询，即查询条件相同、查询结果相同的情况下，不需要每次都发送 SQL 语句给数据库，只需第 1 次查询的时候发送 SQL 语句给数据库服务器，之后就可以将查询出来的结果缓存在数据库的服务器内存中。下次如果遇到相同的查询语句，则直接从服务器缓存中将查询结果发送给客户端，不需要每次都查询数据库。这样可以提升查询效率，尤其是多个用户访问相同 SQL 的时候，可以减少数据库的查询次数。

其查询原理图如图 11-10 所示，步骤如下。

图 11-10 查询原理图

1）在开启查询缓存的情况下，客户端请求先从缓存中查询是否有相同的结果。

2）如果缓存中没有结果，则从数据库服务器中查询结果。
3）从数据库服务器返回数据给客户端的同时将查询到的结果放一份到缓存中。
4）下次再访问相同 SQL 语句的时候先查询缓存，发现缓存中已经有相应的结果。
5）不再访问数据库，而是从缓存中将结果返回给客户端。

2. 未使用查询缓存的情况

需求：两次查询某个部门的信息，并且输出这个部门中所有的员工对象。

首先看一下默认情况下查询的 SQL 语句。打开 mybatis-adv-1，在 org.newboy.test 包下创建测试类 TestCache.java，这次直接使用 main 函数，其他配置文件的代码暂时不变。

```java
package org.newboy.test;

import java.io.IOException;
import java.io.InputStream;
import java.util.List;

import org.apache.ibatis.io.Resources;
import org.apache.ibatis.session.SqlSession;
import org.apache.ibatis.session.SqlSessionFactory;
import org.apache.ibatis.session.SqlSessionFactoryBuilder;
import org.newboy.entity.Depart;
import org.newboy.entity.Employee;

/**
 * 测试查询缓存
 * @author NewBoy
 */
public class TestCache {

    //静态的会话工厂对象
    private static SqlSessionFactory sqlSessionFactory;

    //在静态代码块中，类加载的时候创建会话工厂
    static {
        InputStream inputStream;
        try {
            //读取配置文件得到输入流
            inputStream = Resources.getResourceAsStream("mybatis-config.xml");
            // 创建会话工厂：SqlSessionFactory
            sqlSessionFactory = new SqlSessionFactoryBuilder().build(inputStream);
        } catch (IOException e) {
            e.printStackTrace();
        }
    }

    /**
     * 得到会话对象
     * @return
```

```java
    */
    public SqlSession getSqlSession() {
        return sqlSessionFactory.openSession();
    }

    //程序入口
    public static void main(String[] args) throws IOException {
        TestCache testCache = new TestCache();
        System.out.println("--- 第 1 次查询 ---");
        //第 1 次查询部门信息
        testCache.findDepart();
        System.out.println("--- 第 2 次查询 ---");
        //第 2 次查询部门信息，与第 1 次查询不是同一个会话对象
        testCache.findDepart();
    }

    /**
     * 查询 1 个部门
     */
    public void findDepart() {
        //每次得到不同的会话对象
        SqlSession sqlSession = getSqlSession();
        //查询得到 1 号部门
        Depart depart = sqlSession.selectOne("org.newboy.dao.DepartDao.selectDepart",1);
        System.out.println("部门名：" + depart.getDepartName());
        //得到这个部门中的所有员工的信息
        List<Employee> employees = depart.getEmployees();
        for (Employee employee : employees) {
            //输出员工的名字
            System.out.println("员工名：" + employee.getName());
        }
        //提交事务
        sqlSession.commit();
        //关闭会话
        sqlSession.close();
    }
}
```

运行上面的程序会发现进行了两次查询，而且每次查询都发送了 SQL 语句给数据库。

```
--- 第 1 次查询 ---
DEBUG: ==>  Preparing: select * from depart where depart_id = ?
DEBUG: ==> Parameters: 1(Integer)
DEBUG: <==      Total: 1
 [2018-02-21 15:06:47,708] [org.newboy.dao.DepartDao.selectDepart] [640] [main]
部门名：取经部
DEBUG: ==>  Preparing: select * from employee where depart_id = ?
DEBUG: ==> Parameters: 1(Integer)
DEBUG: <==      Total: 3
```

```
[2018-02-21 15:06:47,724] [org.newboy.dao.EmployeeDao.selectEmployees] [656] [main]
员工名：孙悟空
员工名：猪八戒
员工名：沙悟净


--- 第 2 次查询 ---
DEBUG: ==>   Preparing: select * from depart where depart_id = ?
DEBUG: ==> Parameters: 1(Integer)
DEBUG: <==         Total: 1
 [2018-02-21 15:06:47,724] [org.newboy.dao.DepartDao.selectDepart] [656] [main]
部门名：取经部
DEBUG: ==>   Preparing: select * from employee where depart_id = ?
DEBUG: ==> Parameters: 1(Integer)
DEBUG: <==         Total: 3
 [2018-02-21 15:06:47,724] [org.newboy.dao.EmployeeDao.selectEmployees] [656] [main]
员工名：孙悟空
员工名：猪八戒
员工名：沙悟净
```

3. 使用查询缓存

下面开启查询缓存来执行前面的代码。在 MyBatis 中使用查询缓存的步骤如下。

1）在 mybatis-config.xml 文件中配置全局参数，开启缓存功能。

```xml
<!-- 配置全局的设置信息 -->
<settings>
    <!-- 开启缓存 -->
    <setting name="cacheEnabled" value="true"/>
</settings>
```

2）在 DepartMapper.xml 中配置缓存的参数，此配置对该命名空间下所有的查询语句都有效。参数说明如下：

```xml
<!--
    eviction  缓存淘汰算法有两种:
        1. LRU(Least Recently Used)  即近期最少使用算法
        2. FIFO(First Input First Output)  即先入先出队列
    flashInterval  指缓存过期的时间(单位为毫秒)
    size  指缓存多少个对象(默认值为 1024)
    readOnly  是否只读(查询)
-->
<cache eviction="LRU"
       flushInterval="1000"
       size="1024"
       readOnly="true"/>
</cache>
```

3）在 DepartMapper.xml 中配置查询的 SQL 语句使用缓存，默认其实是打开的。

```xml
<!-- 通过 id 查询这个部门的信息 -->
```

```
<select id="selectDepart" resultMap="relationMap" useCache="true">
    select * from depart where depart_id = #{departId}
</select>
```

运行结果：

```
--- 第 1 次查询 ---
DEBUG: Cache Hit Ratio [org.newboy.dao.DepartDao]: 0.0      命中率为 0%
DEBUG: ==>  Preparing: select * from depart where depart_id = ?
DEBUG: ==> Parameters: 1(Integer)
DEBUG: ====>   Preparing: select * from employee where depart_id = ?
DEBUG: ====> Parameters: 1(Integer)
DEBUG: Cache Hit Ratio [org.newboy.dao.DepartDao]: 0.0      命中率为 0%
部门名：取经部
员工名：孙悟空
员工名：猪八戒
员工名：沙悟净
--- 第 2 次查询 ---
DEBUG: Cache Hit Ratio [org.newboy.dao.DepartDao]: 0.3333333333333333    命中率为 33%
 [2018-02-21 15:16:27,438] [org.newboy.dao.DepartDao] [641] [main]
部门名：取经部
员工名：孙悟空
员工名：猪八戒
员工名：沙悟净
```

在两个不同的会话中运行同一个查询语句的时候，运行结果显示第 2 次查询的时候没有再发送 SQL 语句给数据库，而是直接使用缓存中的数据。查询结果会输出缓存的命中率，如命中率是 50%，则表示查询 2 次，有 1 次全部命名；命中率为 33%，则表示查询 3 次，有一次全部命中。在实际开发中，命中率越高，对性能的提升就越大。

11.3 动态 SQL 标签的用法

MyBatis 的强大特性之一便是它的动态 SQL 语句。当我们需要通过用户提交的不同条件组合查询到不同的查询结果时，需要动态拼接 SQL 语句，类似于图 11-11 所示用户操作界面。

图 11-11 类似界面

如果读者有使用 JDBC 或其他类似框架的经验，就能体会到根据不同条件拼接 SQL 语句有多么痛苦。拼接的时候要确保不能忘了必要的空格，还要注意省掉表中列名列表最后的逗号。利用 MySQL 数据库的动态 SQL 这一特性可以摆脱这种痛苦。MyBatis 使用了一种强大的动态 SQL 标签语言来改进这种情形，这种语言可以被用在任意的 SQL 映射语句中。动态 SQL 元素和在 JSP 上使用 JSTL 相似。

下面通过一个案例来讲解这些标签的使用，将前面的案例复制一份，并重命名为 mysql-adv-3。这次对一个客户表进行组合查询操作，根据不同的查询条件返回不同的结果。

表结构和数据如下：

```sql
-- 客户表
create table customer(
    id int primary key auto_increment,
    name varchar(20),       -- 姓名
    gender char(1),         -- 性别
    age int,                -- 年龄
    title varchar(20),      -- 职位
    phone varchar(20),      -- 电话
    email varchar(20)       -- 邮箱
);
-- 插入 7 条客户数据
insert into customer(name,gender,age,title,phone,email) values ('陈宏子','男',21,'工程师','15815811688','cheng@126.com');
insert into customer(name,gender,age,title,phone,email) values ('秦婷婷','女',25,'工程师','15815888802','tingting@newboy.com');
insert into customer(name,gender,age,title,phone,email) values ('折蓉蓉','女',30,'网络管理','13496853333','zherong@163.com');
insert into customer(name,gender,age,title,phone,email) values ('曹丽娜','女',26,'软件开发','13422095333','lina@qq.com');
insert into customer(name,gender,age,title,phone,email) values ('李娜','女',46,'咨询顾问','13422089706','lina@sohu.com');
insert into customer(name,gender,age,title,phone,email) values ('姜钰','男',49,'软件开发工程师','13425869513','jiang@qq.com');
insert into customer(name,gender,age,title,phone,email) values ('魏天霞','女',38,'软件开发工程师','13978605934','tianxia@126.com');
-- 查询所有的客户数据
select * from customer;
```

11.3.1 <if>和<choose>标签

1. <if>标签

<if>标签用于当满足某个条件的时候,将<if>标签内部的查询条件拼成SQL语句的一部分。<if>标签可以单独使用,通常情况下,其结合<where>标签一起使用,这样比较方便。

● 案例需求:

以图 11-11 作为查询条件,当用户没有输入值就单击"查询"按钮时,查询的是所有的记录,当用户输入 1 个条件时,就按 1 个条件进行查询,如果输入多个条件,则按多个条件进行查询。

● 开发步骤:

1）将前面的案例复制成 mybatis-adv-3,整个项目的结构如图 11-12 所示。其中,Condition 实体类用于封装查询条件。

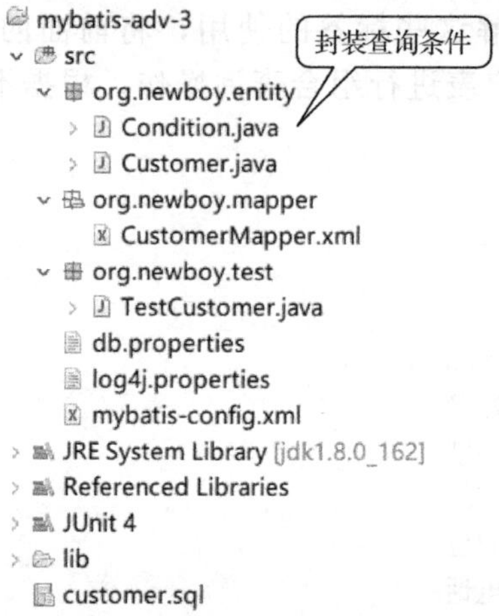

```
mybatis-adv-3
  src
    org.newboy.entity        ← 封装查询条件
      Condition.java
      Customer.java
    org.newboy.mapper
      CustomerMapper.xml
    org.newboy.test
      TestCustomer.java
    db.properties
    log4j.properties
    mybatis-config.xml
  JRE System Library [jdk1.8.0_162]
  Referenced Libraries
  JUnit 4
  lib
  customer.sql
```

图 11-12　项目结构

2）创建对应 Customer 表的实体类 Customer.java。

```java
package org.newboy.entity;
/**
 * 客户的实体类
 * @author NewBoy
 */
public class Customer {
    private int id;              // 编号
    private String name;         // 姓名
    private String gender;       // 性别
    private int age;             // 年龄
    private String title;        // 职位
    private String phone;        // 电话
    private String email;        // 邮箱

    @Override
    public String toString() {
        return "Customer [id=" + id + ", name=" + name + ", gender=" + gender + ", age=" + age + ", title=" + title + ", phone=" + phone + ", email=" + email + "]";
    }
    //省略 getter 和 setter 方法
}
```

3）使用一个 JavaBean 来封装所有的查询条件，并将其命名为 Condition。

```java
package org.newboy.entity;
/**
 * 封装查询条件
 * @author NewBoy
 */
public class Condition {
    private String name;     //姓名，使用模糊查询
```

```
        private String gender;    //性别:男或女
/*
注意:这里使用的是包装类 Integer,而不是原始类型 int。
当 min 为 null 时,表示没有查询条件,如果使用 int 类型,它的默认值是 0,会产生歧义,即不知是用户
输入的 0 还是没有输入值。
*/
        private Integer min;    //最小年龄
        private Integer max;    //最大年龄
        //省略 getter 和 setter 方法
}
```

4)修改 mybatis-config.xml 文件。

```
<?xml version="1.0" encoding="UTF-8"?>
<!DOCTYPE configuration PUBLIC "-//mybatis.org//DTD Config 3.0//EN"
"http://mybatis.org/dtd/mybatis-3-config.dtd">
<configuration>
        <!-- 导入数据库的配置属性 -->
        <properties resource="db.properties" />

        <!-- 将表中有下画线的列名,映射成 JavaBean 属性的驼峰命名 -->
        <settings>
                <setting name="mapUnderscoreToCamelCase" value="true"/>
        </settings>

        <typeAliases>
                <!-- 给指定包下所有的实体类定义别名,这里相当于给 Condition 类也定义了别名 -->
                <package name="org.newboy.entity" />
        </typeAliases>

        <environments default="development">
                <environment id="development">
                        <transactionManager type="JDBC" />
                        <!-- 配置数据库连接信息 -->
                        <dataSource type="POOLED">
                                <property name="driver" value="${jdbc.driver}" />
                                <property name="url" value="${jdbc.url}" />
                                <property name="username" value="${jdbc.name}" />
                                <property name="password" value="${jdbc.password}" />
                        </dataSource>
                </environment>
        </environments>

        <!-- 配置 SQL 映射文件 -->
        <mappers>
                <mapper resource="org/newboy/mapper/CustomerMapper.xml" />
        </mappers>
</configuration>
```

5）编写 CustomerMapper.xml 文件，指定命名空间为 org.newboy.dao.CustomerDao。

```xml
<?xml version="1.0" encoding="UTF-8" ?>
<!DOCTYPE mapper PUBLIC "-//mybatis.org//DTD Mapper 3.0//EN"
"http://mybatis.org/dtd/mybatis-3-mapper.dtd">
<mapper namespace="org.newboy.dao.CustomerDao">

    <select id="findByCondition" resultType="customer" parameterType="condition">
        select * from customer
        <!-- 在 where 标签内部，第 1 个 if 条件前面的 and 会自动去掉，第 2 个 if 条件及其后的 and 不能省略 -->
        <where>
            <!-- 如果名字不为空也不为空字符串 -->
            <if test="name!=null and name!="">
                <!-- 使用模糊查询，concat 是 MySQL 中的函数，用于字符串的拼接，相当于生成 '%name%'字符串 -->
                and name like concat('%', #{name}, '%')
            </if>
            <if test="gender!=null and gender!="">
                and gender = #{gender}
            </if>
            <!-- 这里的大于和小于要使用 XML 文件中的转义，因为大于和小于符号在 XML 中有特殊含义 -->
            <if test = "min!=null">
                and age &gt;= #{min}
            </if>
            <if test = "max!=null">
                and age &lt;= #{max}
            </if>
        </where>
    </select>
</mapper>
```

6）编写 TestCustomer.java 文件，分别使用不同的查询条件封装 Condition 类，得到不同的查询结果。

```java
package org.newboy.test;

import java.io.IOException;
import java.io.InputStream;
import java.util.List;

import org.apache.ibatis.io.Resources;
import org.apache.ibatis.session.SqlSession;
import org.apache.ibatis.session.SqlSessionFactory;
import org.apache.ibatis.session.SqlSessionFactoryBuilder;
import org.junit.After;
import org.junit.Before;
import org.junit.BeforeClass;
```

```java
import org.junit.Test;
import org.newboy.entity.Condition;
import org.newboy.entity.Customer;

/**
 * DAO 的测试类
 * @author NewBoy
 */
public class TestCustomer {

    //创建静态工厂类，只创建 1 次
    private static SqlSessionFactory factory;
    //创建会话类，每次操作都创建 1 个类
    private SqlSession sqlSession;

    //类加载之前运行 1 次
    @BeforeClass
    public static void  beforeClass() {
        try {
            InputStream inputStream = Resources.getResourceAsStream("mybatis-config.xml");
            factory = new SqlSessionFactoryBuilder().build(inputStream);
        } catch (IOException e) {
            e.printStackTrace();
        }
    }

    //每个测试方法执行前运行 1 次，得到一个会话
    @Before
    public void before() {
        sqlSession = factory.openSession();
    }

    //每个测试方法执行后运行 1 次，提交事务，关闭会话
    @After
    public void after() {
        sqlSession.commit();
        sqlSession.close();
    }

    /**
     * 根据条件查询客户
     */
    @Test
    public void testFindByCondition() {
        //创建封装条件的 JavaBean
        Condition condition = new Condition();
        //没有查询条件，相当于得到所有的记录
        List<Customer>    customers    =    sqlSession.selectList("org.newboy.dao.CustomerDao.
```

```java
findByCondition", condition);
        for (Customer customer : customers) {
            System.out.println(customer);
        }
        //封装1个查询条件：性别为女
        condition.setGender("女");
        customers = sqlSession.selectList("org.newboy.dao.CustomerDao.findByCondition", condition);
        for (Customer customer : customers) {
            System.out.println(customer);
        }
        //再加一个条件，年龄为30岁(含)以上
        condition.setMin(30);
        customers = sqlSession.selectList("org.newboy.dao.CustomerDao.findByCondition", condition);
        for (Customer customer : customers) {
            System.out.println(customer);
        }
        //再加一个条件，年龄在40岁(含)以下
        condition.setMax(40);
        customers = sqlSession.selectList("org.newboy.dao.CustomerDao.findByCondition", condition);
        for (Customer customer : customers) {
            System.out.println(customer);
        }
        //再加一个条件，名字中包含"天"字
        condition.setName("天");
        customers = sqlSession.selectList("org.newboy.dao.CustomerDao.findByCondition", condition);
        for (Customer customer : customers) {
            System.out.println(customer);
        }
    }
}
```

● 运行结果和生成的SQL语句：

可发现随着条件的不同，动态生成的SQL语句也不同，查询结果也不同。

```
DEBUG: ==>  Preparing: select * from customer
DEBUG: ==> Parameters: (没有参数)
DEBUG: <==      Total: 7
    Customer [id=1, name= 陈 宏 子 , gender= 男 , age=21, title= 工 程 师 , phone=15815811688, email=cheng@126.com]
    Customer [id=2, name= 秦 婷 婷 , gender= 女 , age=25, title= 工 程 师 , phone=15815888802, email=tingting@newboy.com]
    Customer [id=3, name= 折 蓉 蓉 , gender= 女 , age=30, title= 网 络 管 理 , phone=13496853333, email=zherong@163.com]
    Customer [id=4, name= 曹 丽 娜 , gender= 女 , age=26, title= 软 件 开 发 , phone=13422095333, email=lina@qq.com]
    Customer [id=5, name= 李 娜 , gender= 女 , age=46, title= 咨 询 顾 问 , phone=13422089706, email=lina@sohu.com]
    Customer [id=6, name= 姜 钰 , gender= 男 , age=49, title= 软 件 开 发 工 程 师 , phone=13425869513,
```

email=jiang@qq.com]
　　Customer [id=7, name=魏天霞, gender=女, age=38, title=软件开发工程师, phone=13978605934, email=tianxia@126.com]

　　DEBUG: ==>　Preparing: select * from customer WHERE gender = ?
　　DEBUG: ==> Parameters: 女(String)
　　DEBUG: <==　　　Total: 5
　　Customer [id=2, name=秦婷婷, gender=女, age=25, title=工程师, phone=15815888802, email=tingting@newboy.com]
　　Customer [id=3, name=折蓉蓉, gender=女, age=30, title=网络管理, phone=13496853333, email=zherong@163.com]
　　Customer [id=4, name=曹丽娜, gender=女, age=26, title=软件开发, phone=13422095333, email=lina@qq.com]
　　Customer [id=5, name=李娜, gender=女, age=46, title=咨询顾问, phone=13422089706, email=lina@sohu.com]
　　Customer [id=7, name=魏天霞, gender=女, age=38, title=软件开发工程师, phone=13978605934, email=tianxia@126.com]

　　DEBUG: ==>　Preparing: select * from customer WHERE gender = ? and age >= ?
　　DEBUG: ==> Parameters: 女(String), 30(Integer)
　　DEBUG: <==　　　Total: 3
　　Customer [id=3, name=折蓉蓉, gender=女, age=30, title=网络管理, phone=13496853333, email=zherong@163.com]
　　Customer [id=5, name=李娜, gender=女, age=46, title=咨询顾问, phone=13422089706, email=lina@sohu.com]
　　Customer [id=7, name=魏天霞, gender=女, age=38, title=软件开发工程师, phone=13978605934, email=tianxia@126.com]

　　DEBUG: ==>　Preparing: select * from customer WHERE gender = ? and age >= ? and age <= ?
　　DEBUG: ==> Parameters: 女(String), 30(Integer), 40(Integer)
　　DEBUG: <==　　　Total: 2
　　Customer [id=3, name=折蓉蓉, gender=女, age=30, title=网络管理, phone=13496853333, email=zherong@163.com]
　　Customer [id=7, name=魏天霞, gender=女, age=38, title=软件开发工程师, phone=13978605934, email=tianxia@126.com]

　　DEBUG: ==>　Preparing: select * from customer WHERE name like concat('%', ?, '%') and gender = ? and age >= ? and age <= ?
　　DEBUG: ==> Parameters: 天(String), 女(String), 30(Integer), 40(Integer)
　　DEBUG: <==　　　Total: 1
　　Customer [id=7, name=魏天霞, gender=女, age=38, title=软件开发工程师, phone=13978605934, email=tianxia@126.com]

2. <choose>标签

<if>标签类似于 Java 中的<if>，即多个条件依次进行判断，有可能所有的条件都执行，也有可能一个条件都不执行。那么如何实现 if-else 的情况呢？即两个条件只有一个条件可以得到执行，此时可以使用<choose>标签。

学习过 JSTL 的读者对这个标签应该不会陌生，因为它的使用与 JSTL 中的<choose>类似，<choose>标签中包含<when>和<otherwise>，其中<when>可以出现多次，<otherwise>只能出现一次。<choose>标签是按顺序判断其内部<when>标签中的 test 条件是否成立，如果有一个成立，则 <choose> 结束。当 <choose> 中所有 <when> 的条件都不满足时，则执行<otherwise>中的 SQL 语句。

如果<when>出现 1 次，则<choose>有些像 Java 中的 if-else 代码块。如果<when>出现多次，则<choose>有些像 Java 中的 switch 代码块，<when>表示其中的一个 case，而<otherwise>类似于 default。

● 案例需求：

以 Customer 作为查询条件，以其中的某个属性值作为查询条件。如果某个属性值不为空，则使用这个条件进行查询。如果所有的属性都为空，则使用 id 作为查询条件。

● 案例步骤：

1）在 CustomerMapper.xml 中添加查询语句，使用<choose>标签。

```xml
<!-- choose 标签的使用 -->
<select id="findByChoose" parameterType="customer" resultType="customer">
    select * from customer
    <where>
        <choose>
            <when test="name != null">
                and name like concat('%', #{name}, '%')
            </when>
            <when test="gender!=null">
                and gender = #{gender}
            </when>
            <otherwise>
                <!-- 如果上面的所有条件都不满足，则按 id 去查询 -->
                and id = #{id}
            </otherwise>
        </choose>
    </where>
</select>
```

2）在 TestCustomer.java 中添加相应的测试代码。

```java
/**
 * 以 Customer 作为查询条件，以其中的某个属性值作为查询条件。
 * 如果属性值不为空，则使用这个条件进行查询。
 * 如果所有属性都不满足，则使用 id 作为条件进行查询
 */
@Test
public void testFindByChoose() {
    //创建一个 Customer 作为查询条件
    Customer customer = new Customer();
    customer.setId(4);
    //因为所有的条件都为空，所以使用 id 作为查询条件
    List<Customer> list = sqlSession.selectList("org.newboy.dao.CustomerDao.findByChoose", customer);
```

```
        for (Customer c : list) {
            System.out.println(c);
        }
        //使用性别作为查询条件
        customer.setGender("女");
        list = sqlSession.selectList("org.newboy.dao.CustomerDao.findByChoose", customer);
        for (Customer c : list) {
            System.out.println(c);
        }
        //使用姓名作为查询条件
        customer.setName("娜");
        list = sqlSession.selectList("org.newboy.dao.CustomerDao.findByChoose", customer);
        for (Customer c : list) {
            System.out.println(c);
        }
    }
}
```

● 运行结果和生成的 SQL 语句：

DEBUG: ==>   Preparing: select * from customer WHERE id = ?
DEBUG: ==> Parameters: 4(Integer)
DEBUG: <==   Total: 1
 [2018-02-20 16:30:21,789] [org.newboy.dao.CustomerDao.findByChoose] [656] [main]
Customer [id=4, name=曹丽娜, gender=女, age=26, title=软件开发, phone=13422095333, email=lina@qq.com]

DEBUG: ==>   Preparing: select * from customer WHERE gender = ?
DEBUG: ==> Parameters: 女(String)
DEBUG: <==   Total: 5
 [2018-02-20 16:30:21,795] [org.newboy.dao.CustomerDao.findByChoose] [662] [main]
Customer [id=4, name=曹丽娜, gender=女, age=26, title=软件开发, phone=13422095333, email=lina@qq.com]
Customer [id=5, name=李娜, gender=女, age=46, title=咨询顾问, phone=13422089706, email=lina@sohu.com]
Customer [id=7, name=魏天霞, gender=女, age=38, title=软件开发工程师, phone=13978605934, email=tianxia@126.com]
Customer [id=8, name=白骨精, gender=女, age=25, title=餐厅经理, phone=13909870659, email=bai@newboy.org]
Customer [id=10, name=嫦娥, gender=女, age=22, title=行政总监, phone=13409769072, email=change@newboy.org]

DEBUG: ==>   Preparing: select * from customer WHERE name like concat('%', ?, '%')
DEBUG: ==> Parameters: 娜(String)
DEBUG: <==   Total: 2
Customer [id=4, name=曹丽娜, gender=女, age=26, title=软件开发, phone=13422095333, email=lina@qq.com]
Customer [id=5, name=李娜, gender=女, age=46, title=咨询顾问, phone=13422089706, email=lina@sohu.com]

11.3.2 <foreach>标签

有时需要一次删除多条记录或者一次插入多条记录，即批量删除或批量添加。通过 Java 编写代码的时候，这些批量的数据往往放在数组 Array 或集合 List 中。MyBatis 为了使这种 SQL 语句生成更加便捷，提供了＜foreach＞标签。这个标签可以对数组或集合进行迭代，每次迭代生成一段 SQL 语句，迭代完整个数组或集合后生成 SQL 语句。

1. 迭代数组

● 案例需求：

在测试类中传入要删除的客户数组 id，返回删除的记录数。

● 案例分析：

要删除 id 为 1、2、3 的客户，SQL 语句的写法如下：

delete from customer where id in (1,2,3)

其中的 1、2、3 可以在 Java 中使用一个数组传递。在 CustomerMapper.xml 映射配置文件中，需要对这个数组进行遍历，生成最终的 SQL 语句。

● 开发步骤：

1）在前面的项目中进行开发，在 CustomerMapper.xml 中添加批量删除的语句。

```xml
<!-- 批量删除 -->
<delete id="deleteAll">
    delete from customer where id in
    <!-- 使用 foreach 标签迭代数组或集合
        collection: 指定迭代的是数组还是集合，数组使用 array、集合使用 list
        item: 数组或集合中的每一个元素值
            open: 迭代开始前加什么符号
            separator——每次迭代时中间加什么分隔符，
            close——迭代结束后加什么符号
    -->
    <foreach collection="array" item="id" open="(" separator="," close=")">
        #{id}
    </foreach>
</delete>
```

2）在 TestCustomer.java 中添加测试代码。

```java
/**
 * 删除多个客户
 */
@Test
public void testDeleteAll() {
    int row = sqlSession.delete("org.newboy.dao.CustomerDao.deleteAll", new int[] {1,2,3});
    System.out.println("删除" + row + "条记录");
}
```

● 运行结果和生成的 SQL 语句：

DEBUG: ==> Preparing: delete from customer where id in (? , ? , ?)

```
DEBUG: ==> Parameters: 1(Integer), 2(Integer), 3(Integer)
DEBUG: <==    Updates: 3
[2018-02-20 10:44:11,056] [org.newboy.dao.CustomerDao.deleteAll] [704] [main]
删除 3 条记录
```

2. 迭代集合

前面演示了批量删除，以数组对象为参数。下面来看批量添加的操作，使用集合对象封装实体类对象作为参数。

● 案例需求：

向数据库客户表中批量添加 3 条记录，返回添加的行数。

● 案例分析：

插入 3 条记录在 MySQL 中可以使用一条语句完成：

```
insert into customer (name,gender,age,title,phone,email)   values (?,?,?,?,?,?),(?,?,?,?,?,?),(?,?,?,?,?,?)
```

其中，3 条记录在 Java 中使用集合 List<Customer>传递进来，Customer 中应该已经封装好需要添加进数据库表中的数据。在 MyBatis 中需要使用<foreach>迭代标签来生成 SQL 语句。

● 开发步骤：

1）在 Customer.java 中添加构造方法，为创建客户对象做准备。

```java
public Customer(String name, String gender, int age, String title, String phone, String email) {
    super();
    this.name = name;
    this.gender = gender;
    this.age = age;
    this.title = title;
    this.phone = phone;
    this.email = email;
}
```

2）在 CustomerMapper.xml 中编写批量添加的配置语句。

```xml
<!-- 批量添加 -->
<insert id="saveAll" parameterType="list">
    <!-- 这里没有开始和结束的符号，每个迭代的元素就是(?,?,?) 。三个元素之间使用逗号分隔 -->
    insert into customer (name,gender,age,title,phone,email) values
    <!-- list 表示这是一个集合，其中的每个元素使用 c 命名，c 代表一个 customer 对象 -->
    <foreach collection="list" item="c" separator=",">
        (#{c.name},#{c.gender},#{c.age},#{c.title},#{c.phone},#{c.email})
    </foreach>
</insert>
```

3）在 TestCustomer.java 中编写测试方法。

```java
/**
 * 批量添加客户
 */
@Test
public void testSaveAll() {
```

```
        //创建三个要添加的客户
        List<Customer> customers = new ArrayList<>();
        //注意：要有相应的 Customer 构造方法
        customers.add(new Customer("白骨精","女",25,"餐厅经理","13909870659","bai@newboy.org"));
        customers.add(new Customer("牛魔王","男",35,"水电工","13970694659","niumowang@newboy.org"));
        customers.add(new Customer("嫦娥","女",22,"行政总监","13409769072","change@newboy.org"));
        int row = sqlSession.insert("org.newboy.dao.CustomerDao.saveAll", customers);
        System.out.println("添加了" + row + "条记录");
    }
```

- 运行结果和生成的 SQL 语句：

运行结果如图 11-13 所示，生成的 SQL 语句如下。

```
DEBUG: ==>  Preparing: insert into customer (name,gender,age,title,phone,email) values (?,?,?,?,?,?) , (?,?,?,?,?,?) , (?,?,?,?,?,?)
DEBUG: ==> Parameters: 白骨精(String), 女(String), 25(Integer), 餐厅经理(String), 13909870659(String), bai@newboy.org(String), 牛魔王(String), 男(String), 35(Integer), 水电工(String), 13970694659(String), niumowang@newboy.org(String), 嫦娥(String), 女(String), 22(Integer), 行政总监(String), 13409769072(String), change@newboy.org(String)
DEBUG: <==      Updates: 3
 [2018-02-20 11:16:48,441] [org.newboy.dao.CustomerDao.saveAll] [599] [main]
添加了 3 条记录
```

id	name	gender	age	title	phone	email
4	曹丽娜	女	26	软件开发	13422095333	lina@qq.com
5	李娜	女	46	咨询顾问	13422089706	lina@sohu.com
6	姜钰	男	49	软件开发工程师	13425869513	jiang@qq.com
7	魏天霞	女	38	软件开发工程师	13978605934	tianxia@126.com
8	白骨精	女	25	餐厅经理	13909870659	bai@newboy.org
9	牛魔王	男	35	水电工	13970694659	niumowang@newboy.org
10	嫦娥	女	22	行政总监	13409769072	change@newboy.org

新添加的记录

图 11-13　运行结果

11.3.3　<sql>和<include>标签

在实际开发过程中，不同的 SQL 语句中的查询条件可能是相同的，即有些查询的 SQL 代码片段会出现在不同的 SQL 语句中。例如，做分页查询的时候，会出现两条查询条件相同的 SQL 语句，一条是按指定的条件查询某一页的数据，另一条是按同样的条件统计有多少条记录。如果这两个 SQL 语句的查询条件相同，则可以使用<sql>标签定义一个可以共用的 SQL 代码片段，并且指定其 id。而在需要引用的地方，可使用<include>标签通过 refid 属性来引用这个 id，达到 SQL 代码片段重用的目的。

- 案例需求：

在 mybatis-adv-3 中，查询客户表。查询条件：性别为女，年龄小于等于 40 岁的所有客户信息。假设每页显示 3 条记录，显示第 2 页的数据。

- 案例分析：

为了实现上面的功能，需要写两条 SQL 查询语句。

1）查询所有符合条件的数据，并且分页。因为显示第 2 页数据，所以查询的起始行从 3 开始，返回 3 行。

2）查询符合条件的记录条数，需要用到聚合函数 count()。

● 开发步骤：

1）修改 CustomerMapper.xml 文件，添加 sql 标签，创建可重用的代码片段，指定 id 为 pageFragment。

```xml
<!-- 定义SQL的代码片段，即可重用的部分 -->
<sql id="pageFragment">
    <where>
        <!-- 因为有三个参数，而第一个参数是实体类，所以需要使用"实体类.属性"的方式来进行判断-->
        <if test="condition.name!=null and condition.name!=''">
            <!-- 使用模糊查询，参数值也使用"实体类.属性"的方式 -->
            and name like concat('%', #{condition.name}, '%')
        </if>
        <if test="condition.gender!=null and condition.gender!=''">
            and gender = #{condition.gender}
        </if>
        <!-- 这里的大于和小于要使用转义 -->
        <if test="condition.min!=null">
            and age &gt;= #{condition.min}
        </if>
        <if test="condition.max!=null">
            and age &lt;= #{condition.max}
        </if>
    </where>
</sql>
```

2）创建 select 标签，查询符合条件的记录个数，使用<include>引用前面定义的<sql>代码段。

```xml
<!-- 查询符合条件的记录数，返回长整型，因为有三个参数，所以使用 map 封装三个参数并传递进来 -->
<select id="findCount" parameterType="map" resultType="long">
    <!-- 使用 include 导入上面的 SQL 代码片段，通过 refid 引用前面的名称 -->
    select count(id) from customer <include refid="pageFragment"/>
</select>
```

3）在 TestCustomer.java 中创建测试代码，输出符合条件的记录个数。

```java
/**
 * 查询符合条件的记录有多少行
 */
@Test
public void testFindCount() {
    Condition condition = new Condition();
    condition.setGender("女");   //女性
    condition.setMax(40);    //最大年龄为40岁
    //因为指定的查询参数是map，所以要将查询条件放到map中，相当于比原来多了一层封装
```

```
        HashMap<String, Object> map = new HashMap<>();
        map.put("condition", condition);
        long count = (Long) sqlSession.selectOne("org.newboy.dao.CustomerDao.findCount", map);
        System.out.println("符合条件的记录数: " + count);
}
```

4) 运行结果如下。

```
DEBUG: ==>  Preparing: select count(id) from customer WHERE gender = ? and age <= ?
DEBUG: ==> Parameters: 女(String), 40(Integer)
DEBUG: <==       Total: 1
 [2018-02-19 21:38:26,180] [org.newboy.dao.CustomerDao.findCount] [616] [main]
符合条件的记录数: 4
```

5) 使用同样的条件查询某一页的数据,此次有三个参数,多了 pageIndex 和 pageSize。先在 CustomerMapper.xml 映射文件中添加 select 语句,在<select>标签中引用前面定义的 SQL 代码片段。

```xml
<!--
    查询符合条件的 1 页数据
    需要指定三个查询参数。
    condition: 用于封装查询条件
    pageIndex: 用于指定页面起始行数,从 0 开始
    pageSize: 指定返回的行数
    所以使用一个 map 对象封装这三个参数
-->
<select id="findPage" parameterType="map" resultType="customer">
    <!-- 使用 include 导入前面的 SQL 代码片段,通过 id 引用 -->
    select * from customer <include refid="pageFragment"/> limit #{pageIndex}, #{pageSize}
</select>
```

6) 修改 TestCustomer.java,添加测试方法。查询参数有三个,使用 Map 封装。

```java
/**
 * 查询符合条件的一页数据
 */
@Test
public void testFindPage() {
    Condition condition = new Condition();
    condition.setGender("女");
    condition.setMax(40);
    //因为指定的查询参数是 map,所以要将查询条件放到 map 中
    HashMap<String, Object> map = new HashMap<>();
    map.put("condition", condition);
    //分页参数也放在其中: 每页显示 3 条记录,显示第 2 页的数据
    map.put("pageIndex", 3);
    map.put("pageSize", 3);
    List<Customer> list = sqlSession.selectList("org.newboy.dao.CustomerDao.findPage", map);
    for (Customer customer : list) {
        System.out.println(customer);
```

```
        }
    }
```

7）查询结果如图 11-14 所示。

```
DEBUG: ==>  Preparing: select * from customer WHERE gender = ? and age <= ? limit ?, ?
DEBUG: ==> Parameters: 女(String), 40(Integer), 3(Integer), 3(Integer)
DEBUG: <==        Total: 1
 [2018-02-19 21:39:21,767] [org.newboy.dao.CustomerDao.findPage] [591] [main]
Customer [id=7, name=魏天霞, gender=女, age=38, title=软件开发工程师, phone=13978605934, email=tianxia@126.com]
```

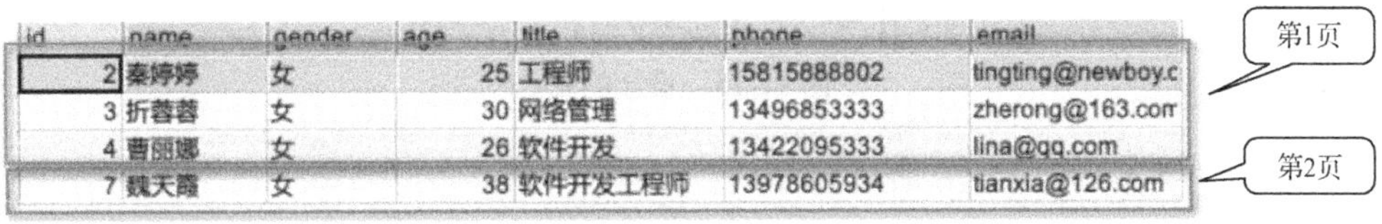

id	name	gender	age	title	phone	email
2	秦婷婷	女	25	工程师	15815888802	tingting@newboy.c
3	折蓉蓉	女	30	网络管理	13496853333	zherong@163.com
4	曹丽娜	女	26	软件开发	13422095333	lina@qq.com
7	魏天霞	女	38	软件开发工程师	13978605934	tianxia@126.com

图 11-14　查询结果

可以发现在两条 SQL 查询语句中，因为使用<sql>定义了代码片段实现了重用，所以生成的 where 部分的代码是相同的。

本章总结

本章学习了 MyBatis 中的高级特性，首先，学习了实体类之间的关系映射——一对多和多对多的映射；其次，学习了如何在 MyBatis 中进行性能的优化，讲解了延迟加载和查询缓存两种技术以提升 MyBatis 的性能；最后学习了 MyBatis 中的动态 SQL 标签的用法。通过本章的学习，学习者应已经可以比较熟练地使用 MyBatis，后面的章节中将会进一步介绍如何整合 Spring。

练习题

操作题

有如下几张表，使用 MyBatis 完成表的查询操作。

1. 训练描述：

假设某建筑公司要设计一个数据库。公司的业务规则概括说明如下：

① 公司承担多个工程项目，每一项工程有：工程号、工程名称、施工人员等。

② 公司有多名职工，每一名职工有：职工号、姓名、职务。

③ 公司按照工时和小时工资率支付工资，小时工资率由职工的职务决定（例如，技术员的小时工资率与工程师不同）。

1）设计出四张表，如图 11-15 所示。

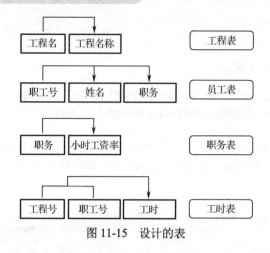

图 11-15 设计的表

2) 几张表的关系如图 11-16 所示。

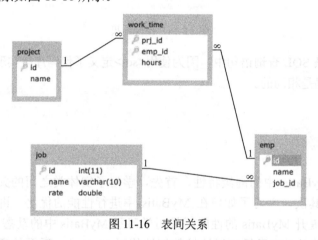

图 11-16 表间关系

3) 查询要求如下。

① 查询职工号是 1001 的职工职务信息,要求输出职工号、姓名及其职务,并使用别名(内连接)。

② 查询职务为"技术员"的职工薪水,要求输出姓名、职务、工时率(内连接)。

③ 查询所有的工程号、工程名称、职工号、工时(右连接)。

④ 查询"班建斌"职工的工作情况,要求输出姓名、参与的工程名称、工时(3 表连接)。

⑤ 使用四表连接查询,查询结果如图 11-17 所示。

工程号	工程名称	职工号	姓名	职务	小时工资率	工时
A1	花园大厦	1001	杨国明	工程师	65	13
A1	花园大厦	1002	班建斌	技术员	60	16
A1	花园大厦	1004	伍岳林	律师	100	19
A2	立交桥	1001	杨国明	工程师	65	13
A2	立交桥	1003	鞠明亮	工人	55	17
A3	临江饭店	1002	班建斌	技术员	60	18
A3	临江饭店	1004	伍岳林	律师	100	14

图 11-17 四表查询结果

2. SQL 语句如下。

```sql
-- 1) 创建工程表： 工程号(主键,字符串),工程名称
create table project (
    id char(2) primary key,
    name varchar(20)
)

-- 2) 职务表：  职务编号(主键)，职务,小时工资率
create table job (
    id int primary key,
    name varchar(10),
    rate double
)

-- 3) 员工表：  职工号(主键，从 1001 开始),姓名,职务编号(外键)
create table emp (
    id int primary key auto_increment,
    name varchar(20),
    job_id int,
    foreign key (job_id) references job(id)
)

alter table emp auto_increment = 1001;

-- 4) 工时表：  工程号(外键),职工号(外键),工时
create table work_time (
    prj_id char(2),
    emp_id int,
    hours int,
    primary key(prj_id, emp_id),
    foreign key(prj_id) references project(id),
    foreign key(emp_id) references emp(id)
)

-- 插入工程数据
insert into project values ('A1','花园大厦'),('A2','立交桥'),('A3','临江饭店');

select * from project;

-- 插入职务数据
insert into job values (1,'工程师',65),(2,'技术员',60),(3,'律师',100),(4,'工人',55);
select * from job;

-- 插入员工数据
insert into emp (name,job_id) values ('杨国明',1),('班建斌',2),('伍岳林',3),('鞠明亮',4);

select * from emp;
```

-- 插入工时数据
insert into work_time values ('A1',1001,13),('A1',1002,16),('A1',1003,19),
('A2',1001,13),('A2',1004,17),('A3',1002,18),('A3',1003,14);

select * from work_time;

-- 查询职工号是 1001 的职工职务信息，要求输出职工号、姓名及其职务，并使用别名
select e.emp_id as 职工号,e.name as 员工名,j.name as 职务 from emp e inner join job j on e.job_id = j.job_id where e.emp_id=1001;

-- 查询职务为"技术员"的职工薪水，要求输出姓名、职务、工时率
select e.name as 员工名, j.name as 职务, j.rate as 工时率 from emp e inner join job j on e.job_id = j.job_id where j.name = '技术员'

-- 查询所有的工程号、工程名称、职工号、工时
select p.id as 工程号,p.name as 工程名称, w.emp_id as 职工号, w.hours 工时 from project p right join work_time w on p.id = w.id;

-- 查询"班建斌"职工的工作情况，要求输出姓名、参与的工程名称、工时
select e.name, p.name,w.hours from emp e, project p ,work_time w where w.id=p.id
and w.emp_id=e.emp_id and e.name = '班建斌';
//或者
select e.name, p.name,w.hours from emp e inner join work_time w inner join project p on e.emp_id = w.emp_id and w.id=p.id where e.name = '班建斌';

-- 查询所有的信息(工程表、员工表、职务表、工时表)
select p.id 工程号, p.name 工程名称,e.id 职工号,e.name 姓名,j.name 职务,j.rate 小时工资率,w.hours 工时 from project p inner join emp e inner join job j inner join work_time w on p.id = w.prj_id and w.emp_id = e.id and j.id = e.job_id order by p.id;

使用 MyBatis 完成以上的多表查询操作。

第12章 基于 SSM 的管理系统

本章主要讲解使用 Spring 框架整合 Spring MVC 和 MyBatis,最终实现 SSM 整合方案,同时会通过一个贯穿案例(在线拍卖系统)来更深入地学习 SSM 框架整合。在这个案例中,会更加综合地理解 Spring MVC 和 MyBatis 的技术要点和开发技巧,并且会进一步学到前文没有涉及的一些内容,如 MyBatis 分页插件的使用、MyBatis 的对象关系映射、MyBatis 的逆向工程、Spring MVC 拦截器验证用户身份、数据回显、全局异常处理等。

12.1 功能描述

本章案例是一个在线拍卖系统,该系统基本包含了各种开发元素,是学习 SSM 框架整合很好的示例项目。读者如果能够按照本书要求实现各功能,将能熟悉掌握 SSM 的开发技巧。

该在线拍卖系统用户身份有两种,分别是普通用户和管理员。它们的功能划分如下。

普通用户:
① 用户登录;
② 用户注册;
③ 用户注销;
④ 竞拍商品;
⑤ 查看拍卖品。

管理员:
① 发布在线商品;
② 修改在线商品;
③ 删除在线商品。

两种用户身份都可以对在线拍卖品进行组合查询。此案例部分功能截图如图 12-1~图 12-3 所示。

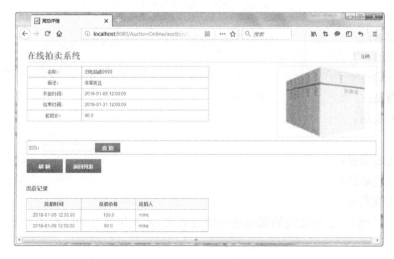

图 12-1　登录页

图 12-2　发布拍卖品

图 12-3　商品竞价

12.2 数据库设计

本案例一共有三张表，分别是 auctionuser(用户表)、auction(商品表)、auctionrecord(商品竞拍表)。这三张表的 E-R 图如图 12-4 所示。

图 12-4 三张表的 E-R 图

从图 12-4 可以看出，auctionrecord(商品竞拍表)与 auctionuser(用户表)、auction(商品表)都有主外键关系。

具体的数据库表内容描述如表 12-1～表 12-3 所示。

表 12-1 商品表

表名	auction		商品表		
序号	字段名称	字段说明	类型	长度	属性
1	auctionId	商品编号	int	6	主键
2	auctionName	商品名称	varchar	50	非空
3	auctionStartPrice	起拍价	decimal(9,2)		非空
4	auctionUpset	底价	decimal(9,2)		非空
5	auctionStartTime	开始时间	date		非空
6	auctionEndTime	结束时间	date		非空
7	auctionPic	商品图片	varchar	20	
8	auctionDesc	商品描述	varchar	500	

表 12-2 用户表

表名	auctionuser		用户表		
序号	字段名称	字段说明	类型	长度	属性
1	userId	用户编号	int	6	主键
2	userName	用户名	varchar	20	非空
3	userPassword	密码	varchar	20	非空
4	userCardNo	身份证	varchar	18	
5	userTel	电话号码	varchar	20	

续表

表名	auctionuser		用户表		
序号	字段名称	字段说明	类型	长度	属性
6	userAddress	地址	varchar	100	
7	userPostNumber	邮编	varchar	6	
8	userIsadmin	是否管理员	int	1	非空

表 12-3　商品竞拍表

表名	auctionrecord		商品竞拍表		
序号	字段名称	字段说明	类型	长度	属性
1	id	记录编号	int	6	主键
2	userId	用户编号	int	6	外键
3	auctionId	商品编号	Int	6	外键
4	auctionTime	竞拍时间	date		非空
5	auctionPrice	竞拍价格	decimal(9,2)		非空

12.3　框架搭建

此案例开发工具采用 Eclipse，工程结构使用传统的 Web 项目，这样可以使广大读者尽快上手，且更容易理解。

12.3.1　添加 SSM 框架集成类库

首先，准备三个框架的包，集成在一起，如图 12-5 所示，图中对一些关键包进行了标注说明。

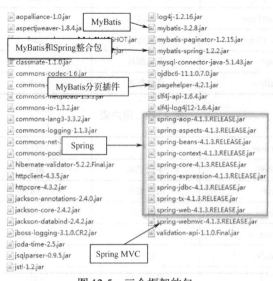

图 12-5　三个框架的包

可以把以上类库直接加到 Web 项目的 lib 文件夹中，可以做成用户库进行导入。

12.3.2　Spring、Spring MVC 和 MyBatis 的整合配置

参考项目工程结构图，如图 12-6 所示。

图 12-6　工程结构

按照图 12-6 先分开各组件的包，如 controller(控制器)、converter(类型转换器)、interceptor(拦截器)、mapper(dao)、pojo(数据模型)、service(业务类)。预先分开各组件的包有利于后面的整合配置。config 是另一个类路径文件夹，其中存放的是 MyBatis 和 Spring MVC 的相关配置文件。

以下是 MyBatis 和 Spring MVC 的基础配置内容(后续会逐步追加其他功能的配置)。

1）SqlMapConfig.xml：目前该文件是空的，建议保留该文件，后面将配置 MyBatis 的分布插件。

2）springmvc.xml：配置映射器、适配器处理器、视图解析器等。配置内容如下：

```
<!-- 启动注解配置 -->
<mvc:annotation-driven/>
<!--
    加了类型转换器，静态资源使用此种方法解析
    其意思是没有映射到的 URL 交给默认的 Web 容器中的 Servlet 进行处理
-->
<mvc:default-servlet-handler/>
<!-- 扫描 controller 包 -->
```

```xml
<context:component-scan base-package="cn.web.auction.controller"/>
<!-- 视图解析器 -->
<bean class="org.springframework.web.servlet.view.InternalResourceViewResolver">
    <property name="prefix" value="/"></property>
    <property name="suffix" value=".jsp"></property>
</bean>
```

3）Spring 容器配置文件，划分成三个分文件，命名规范为 applicationContext-xxx.xml，具体配置如下。

```xml
//applicationContext-dao.xml 配置内容:
    <!-- 读取外部 db.properties 属性文件 -->
    <context:property-placeholder location="classpath:db.properties"/>
    <!-- 配置数据源(连接池) -->
    <bean id="dataSource" class="org.apache.commons.dbcp.BasicDataSource">
        <property name="username" value="${jdbc.username}"></property>
        <property name="password" value="${jdbc.password}"></property>
        <property name="url" value="${jdbc.url}"></property>
        <property name="driverClassName" value="${jdbc.driver}"></property>
    </bean>
    <!-- 配置 SqlSessionFactory -->
    <bean id="sqlSessionFactory" class="org.mybatis.spring.SqlSessionFactoryBean">
        <property name="dataSource" ref="dataSource"></property>
        <property name="configLocation" value="classpath:mybatis/SqlMapConfig.xml"></property>
    </bean>
    <!-- 配置 Mapper 的扫描 -->
    <bean class="org.mybatis.spring.mapper.MapperScannerConfigurer">
        <property name="basePackage" value="cn.web.auction.mapper"></property>
        <property name="sqlSessionFactoryBeanName" value="sqlSessionFactory"></property>
    </bean>

//applicationContext-service.xml 配置内容:
    <!-- 扫描 service 包，托管业务类 -->
    <context:component-scan base-package="cn.web.auction.service.impl"/>

//applicationContext-tx.xml 配置内容:
    <!-- 配置声明式事务 -->
    <!-- 配置事务管理器 -->
    <bean id="txManager" class="org.springframework.jdbc.datasource.DataSourceTransactionManager">
        <property name="dataSource" ref="dataSource"></property>
    </bean>
    <!-- 配置事务通知(advice) -->
    <tx:advice id="txAdvice" transaction-manager="txManager">
        <tx:attributes>
            <tx:method name="add*" propagation="REQUIRED"/>
            <tx:method name="remove*" propagation="REQUIRED"/>
            <tx:method name="update*" propagation="REQUIRED"/>
            <tx:method name="query*" read-only="true"/>
```

```xml
            <tx:method name="find*" read-only="true" />
            <tx:method name="select*" read-only="true" />
        </tx:attributes>
</tx:advice>
<!-- 事务注入 -->
<aop:config>
    <aop:advisor advice-ref="txAdvice" pointcut="execution(* cn.web.auction.service.impl.*.*(..))"/>
</aop:config>
```

4）web.xml 配置内容如下。

```xml
<!-- 配置前端控制器 -->
<servlet>
    <servlet-name>dispatcherServlet</servlet-name>
    <servlet-class>org.springframework.web.servlet.DispatcherServlet</servlet-class>
        <init-param>
            <param-name>contextConfigLocation</param-name>
            <param-value>classpath:spring/springmvc.xml</param-value>
        </init-param>
</servlet>
<servlet-mapping>
    <servlet-name>dispatcherServlet</servlet-name>
    <url-pattern>/</url-pattern>
</servlet-mapping>
<!-- 配置中文编码的过滤器 -->
<filter>
    <filter-name>encoding</filter-name>
    <filter-class>org.springframework.web.filter.CharacterEncodingFilter</filter-class>
        <init-param>
            <param-name>encoding</param-name>
            <param-value>UTF-8</param-value>
        </init-param>
</filter>
<filter-mapping>
    <filter-name>encoding</filter-name>
    <url-pattern>/*</url-pattern>
</filter-mapping>

<!-- 配置加载 Spring 容器的监听器 -->
<listener>    <listener-class>org.springframework.web.context.ContextLoaderListener</listener-class>
</listener>
<!-- 全局参数：XML 文件的路径    -->
<context-param>
    <param-name>contextConfigLocation</param-name>
<param-value>classpath:spring/applicationContext-*.xml</param-value>
</context-param>
```

12.3.3 MyBatis 逆向工程生成 pojo 和 Mapper

本小节将介绍 MyBatis 逆向工程自动生成应用的 pojo 类和 Mapper 接口及其配置。逆向工程指的是已经通过需求分析设计出应用的数据库后，再根据数据表及其关系生成应用的对象模型。

MyBatis 逆向工程的方式有两种：一种是通过工程生成，另一种是使用插件生成。下面介绍的是使用第三方已经实现的项目工程生成 pojo 和 Mapper。先在 Eclipse 中导入该工程，工程名为 generatorSqlmapCustom，该工程本书会提供。参考图 12-7 所示的工程结构。

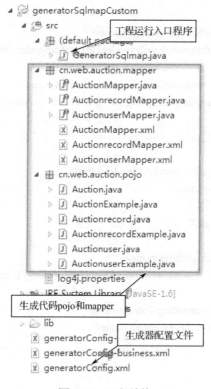

图 12-7 工程结构

工程导入后，要预先在工程中创建要存放 pojo 和 Mapper 的包，如 cn.web.auction.mapper 和 cn.web.auction.pojo。图 12-7 所示为已经生成后的状态。其中标注了两个重要文件，GeneratorSqlmap.java 是整个工程的入口程序，generatorConfig.xml 是生成配置文件。包创建好后，再配置 generatorConfig.xml，参考图 12-8，注意有标注的地方。

以上配置完成后，再运行工程的入口程序：GeneratorSqlmap.java。如图 12-9 所示，运行其中的 main()入口函数。如果未报异常，即运行成功，然后刷新工程的包，就可以得到如图 12-7 所示的 pojo 类和 Mapper 接口及其配置文件。从生成的代码可以判断出这种逆向工程生成的 Mapper 是采用代理的方式来实现数据访问层的。也就是说，用户无须再去实现这些 Mapper 接口。下面要做的事情就是专心设计应用的业务层。

```xml
<?xml version="1.0" encoding="UTF-8"?>
<!DOCTYPE generatorConfiguration
  PUBLIC "-//mybatis.org//DTD MyBatis Generator Configuration 1.0//EN"
  "http://mybatis.org/dtd/mybatis-generator-config_1_0.dtd">

<generatorConfiguration>
    <context id="testTables" targetRuntime="MyBatis3">
        <commentGenerator>
            <!-- 是否去除自动生成的注释 true：是；false:否 -->
            <property name="suppressAllComments" value="true" />
        </commentGenerator>
        <jdbcConnection driverClass="oracle.jdbc.OracleDriver"
            connectionURL="jdbc:oracle:thin:@localhost:1521:orcl"
            userId="zhang123"
            password="zhang123">         指定要连接数据库的信息参数
        </jdbcConnection>
        <!-- 默认false，把JDBC DECIMAL 和 NUMERIC 类型解析为 Integer，为 true时把JDBC DECIMAL 和
            NUMERIC 类型解析为java.math.BigDecimal -->
        <javaTypeResolver>
            <property name="forceBigDecimals" value="false" />
        </javaTypeResolver>
        <!-- targetProject:生成PO类的位置 -->
        <javaModelGenerator targetPackage="cn.web.auction.pojo"
            targetProject=".\src">
            <!-- enableSubPackages:是否让schema作为包的后缀 -->
            <property name="enableSubPackages" value="false" />    此段配置将生成pojo类，pojo包
            <!-- 从数据库返回的值被清理前后的空格 -->                  要预先创建好
            <property name="trimStrings" value="true" />
        </javaModelGenerator>
        <!-- targetProject:mapper映射文件生成的位置 -->
        <sqlMapGenerator targetPackage="cn.web.auction.mapper"
            targetProject=".\src">
            <!-- enableSubPackages:是否让schema作为包的后 -->
            <property name="enableSubPackages" value="false" />   此段配置将生成mapper.xml，mapper要预
        </sqlMapGenerator>                                       先创建好
        <!-- targetPackage：mapper接口生成的位置 -->
        <javaClientGenerator type="XMLMAPPER"
            targetPackage="cn.web.auction.mapper"
            targetProject=".\src">                               此段配置将生成mapper接口，和mapper.xml
            <!-- enableSubPackages:是否让schema作为包的后缀 -->    同一个包
            <property name="enableSubPackages" value="false" />
        </javaClientGenerator>
        <!-- 指定逆向工程的数据库表 -->
        <table tableName="auction"      ></table>
        <table tableName="auctionuser"  ></table>    指定拍卖系统的三张数据表
        <table tableName="auctionrecord" ></table>
    </context>
</generatorConfiguration>
```

图 12-8 生成器配置

```java
public class GeneratorSqlmap {

    public void generator() throws Exception{

        List<String> warnings = new ArrayList<String>();
        boolean overwrite = true;
        //指定 逆向工程配置文件
        File configFile = new File("generatorConfig.xml");
        ConfigurationParser cp = new ConfigurationParser(warnings);
        Configuration config = cp.parseConfiguration(configFile);
        DefaultShellCallback callback = new DefaultShellCallback(overwrite);
        MyBatisGenerator myBatisGenerator = new MyBatisGenerator(config,
                callback, warnings);
        myBatisGenerator.generate(null);

    }
    public static void main(String[] args) throws Exception {
        try {
            GeneratorSqlmap generatorSqlmap = new GeneratorSqlmap();
            generatorSqlmap.generator();
        } catch (Exception e) {
            e.printStackTrace();             运行逆向工程的入口方法
        }

    }

}
```

图 12-9 工程入口

将生成的 pojo 和 Mapper 文件全部复制到在线拍卖系统的工程中。

接下来分析一下生成的文件，参考图 12-7，会发现 pojo 中除了 pojo 类本身以外，还多出了一些文件，如 XxxExample.java，例如，Auction.java 和 AuctionExample.java、Auctionuser.java 和 AuctionuserExample.java、Auctionrecord.java 和 AuctionrecordExample.java。这些 XxxExample.java 有什么作用呢？下面介绍一下这些生成代码是怎样使用的。

首先来看一下 Mapper 接口，如 AuctionuserMapper.java：

```java
public interface AuctionuserMapper {
    int countByExample(AuctionUserExample example);
    int deleteByExample(AuctionUserExample example);
    int deleteByPrimaryKey(Integer userid);
    int insert(AuctionUser record);
    int insertSelective(AuctionUser record);
    List<AuctionUser> selectByExample(AuctionUserExample example);
    AuctionUser selectByPrimaryKey(Integer userid);
    int updateByExampleSelective(@Param("record") AuctionUser record, @Param("example") AuctionUserExample example);
    int updateByExample(@Param("record") AuctionUser record, @Param("example") AuctionUserExample example);
    int updateByPrimaryKeySelective(AuctionUser record);
    int updateByPrimaryKey(AuctionUser record);
}
```

每个生成的 Mapper 都有以上类似的代码，即增、删、改查的方法。其中有些方法要传入 AuctionUserExample 类型。以如下两个方法进行分析：

1）AuctionUser selectByPrimaryKey(Integer userId);

2）List<AuctionUser> selectByExample(AuctionUserExample example);

方法 1）：从方法定义可以判断，其就是根据主键 ID 查询唯一对象的。

方法 2）：根据用户定义的查询条件，查询用户信息，返回的是多个对象。AuctionUserExample 其实是一个条件封装类。这个封装类怎样使用呢？参考以下代码。

```java
public AuctionUser login(String username, String password) {
    AuctionUserExample example = new AuctionUserExample();
    AuctionUserExample.Criteria criteria = example.createCriteria();
    //设置用户名条件
    criteria.andUsernameEqualTo(username);
    //设置密码条件
    criteria.andUserpasswordEqualTo(password);
    //userMapper 是 AuctionUserMapper 的代理接口实例
    List<AuctionUser> list = userMapper.selectByExample(example);
    if (list != null && list.size()>0) {
        return list.get(0);
    }
    return null;
}
```

这是登录功能的业务方法，其中，AuctionUserExample 类中定义了 Criteria 类，这是一个内部类。从命名上看，其有些类似于 Hibernate 的 Criteria 查询。这个 Criteria 类其实就是封装用户的查询条件的。每个 pojo 的属性已经定义好了相应的查询条件，例如，criteria.andUsernameEqualTo(username) 根据用户名等值进行查询，criteria.andUserpasswordEqualTo(password) 根据用户密码等值进行查询。读者可以在代码中进一步探讨其他封装方法，这里不再赘述。

通过逆向工程生成 pojo 类和 maper 接口后，即可专心开发业务层了。

12.4 系统业务功能实现

业务功能共分成以下两大模块。

1. 用户模块

用户模块包括用户登录、用户注销、用户注册等功能。

2. 商品模块

商品模块包括查看竞拍结果；商品维护，包括发布商品、修改商品、删除商品；查询商品，展示商品列表，包括数据分页、组合查询等功能。

控制器类和业务类按模块划分为以下内容。

1. 控制器

UserController：用户控制器。

AuctionController：商品控制器。

2. 业务类

用户业务类：UserService 接口、UserServiceImpl 实现类。

商品业务类：AuctionService 接口、AuctionServiceImpl 实现类。

12.4.1 用户模块

我们重点关注的是控制器和业务类的实现，如控制器是怎样注入业务类实例，以及业务类怎样调用 Mapper 等。以下使用代码截图的方式更加清楚地使读者了解控制器、业务类和 Mapper 三者之间的调用关系。

【登录功能】 如图 12-10 和图 12-11 所示。

要特别关注图 12-10 中标注的地方，重点要学习的就是@Autowired，这个注解可以自动地在 Spring 容器中找到相应类型的实例并注入，前提条件是该类型已经被 Spring 托管。在 Spring 的配置文件 applicationContext-service.xml 中已经扫描了 service 包。参考下面的配置：

<context:component-scan base-package="*cn.web.auction.service.impl*"/>

再来学习业务类和 Mapper 之间的调用关系，如图 12-11 所示。

```java
@Controller
@RequestMapping("/user")
public class UserController {        // 控制器 全局路径为"user"

    @Autowired
    private UserService userService;  // @Autowired自动绑定userService实例

    @RequestMapping("/login")
    public ModelAndView login(String username, String userpassword,
                              String inputCode, HttpSession session) {  // 接口注入session
        ModelAndView mv = new ModelAndView();
        // 1.验证验证码：不通过返回login.jsp,并提示
        if (!inputCode.equals(session.getAttribute("numrand"))) {
            mv.addObject("errorMsg", "验证码不正确");
            mv.setViewName("login");
            return mv;
        }
        // 2.用户名和密码的验证
        AuctionUser loginUser = userService.login(username, userpassword);
        if (loginUser != null) {  // 成功
            session.setAttribute("user", loginUser);
            // 登录成功之后，再查询商品数据(AuctionController)，返回到列表的页面
            mv.setViewName("redirect:/auction/queryAuctions");
            return mv;
        } else {  // 失败：返回login.jsp并提示
            mv.addObject("errorMsg", "用户名或密码不正确");
            mv.setViewName("login");
            return mv;
        }
    }
}
```

登录成功后重定向到商品控制，查询商品列表，参考AuctionsController.java

图 12-10　控制器与业务类

```java
@Service   // 业务类必须加上@Service
public class UserServiceImpl implements UserService {

    @Autowired
    private AuctionUserMapper userMapper;   // 自动绑定Mapper代理实例

    @Override
    public AuctionUser login(String username, String password) {

        AuctionUserExample example = new AuctionUserExample();
        AuctionUserExample.Criteria criteria = example.createCriteria();
        //设置用户名条件
        criteria.andUsernameEqualTo(username);
        //设置密码条件
        criteria.andUserpasswordEqualTo(password);
        //userMapper是AuctionUserMapper的代理接口实例
        List<AuctionUser> list = userMapper.selectByExample(example);
        if (list != null && list.size()>0) {
            return list.get(0);
        }
        return null;
    }
}
```

图 12-11　调用关系

这里要注意的是@Service 和@Autowired 两个注解。凡是业务类都必须加上@Service 注解。AuctionUserMapper 代理接口实例也是通过@Autowired 注入的，但此时要留意 Spring 容器的配置，打开 applicationContext-dao.xml，检查是否有以下配置，注意包名。

```xml
<!-- 配置 Mapper 的扫描 -->
```

```xml
<bean class="org.mybatis.spring.mapper.MapperScannerConfigurer">
    <property name="basePackage" value="cn.web.auction.mapper"></property>
    <property name="sqlSessionFactoryBeanName" value="sqlSessionFactory"></property>
</bean>
```

【注册功能】 这里要重点学习的是 Spring MVC 的数据校验。

首先，在 springmvc.xml 中添加如下配置。

```xml
<!-- 校验器 -->
<bean id="validator"
class="org.springframework.validation.beanvalidation.LocalValidatorFactoryBean">
    <!-- Hibernate 校验器 -->
    <property name="providerClass" value="org.hibernate.validator.HibernateValidator" />
    <!-- 指定校验使用的资源文件,在文件中配置校验错误信息,如果不指定,则默认使用 classpath 下的 ValidationMessages.properties -->
    <property name="validationMessageSource" ref="messageSource" />
</bean>
<!-- 校验错误信息配置文件 xxx.properties -->
<bean id="messageSource"
class="org.springframework.context.support.ReloadableResourceBundleMessageSource">
    <!-- 资源文件名——基名-->
    <property name="basenames">
        <list>
            <value>classpath:CustomValidationMessages</value>
        </list>
    </property>
    <!-- 资源文件编码格式 -->
    <property name="fileEncodings" value="utf-8" />
    <!-- 对资源文件内容的缓存时间，单位为秒 -->
    <property name="cacheSeconds" value="120" />
</bean>
```

其次，指定校验器，配置如下。

```xml
<mvc:annotation-driven validator="validator"/>
```

在对应的 pojo 中，使用注解定义校验规则，注册对应的是 AuctionUser.java，以下是摘录的代码片段。

```java
public class AuctionUser {
    private Integer userid;
    @Size(min=3,max=6,message="{username.length.error}")
    private String username;

    @Size(min=6,message="{password.length.error}")
    private String userpassword;

    @Pattern(regexp="\\d{18}",message="{usercardno.length.pattern}")
    private String usercardno;
```

```
        @Pattern(regexp="\\d{7,8}" ,message="{usertel.length.pattern}")
        private String usertel;

}
```

注册页面 register.jsp 运行后如图 12-12 所示。

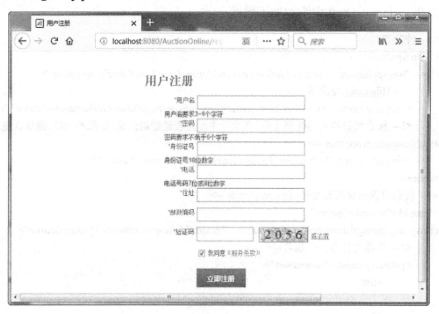

图 12-12　注册页

最后，将注册页表单提交到 UserController 方法中。

```
        @RequestMapping("/register")
        public String register(Model model,
                               @ModelAttribute("registerUser")
                                   @Validated AuctionUser user,
                               BindingResult bindingResult) {
            // 在调用业务类添加方法时先做数据的验证！
            if (bindingResult.hasErrors()) {
                // 提取报错的提示！
                List<FieldError> list = bindingResult.getFieldErrors();
                for (FieldError fieldError : list) {
model.addAttribute(fieldError.getField(), fieldError.getDefaultMessage());
                }
                return "register";    //验证失败后返回到 register.jsp
            }
            // 用户的最终添加
            userService.addUser(user);
            return "login";      //注册成功后返回到 login.jsp
        }
```

使用该方法时要注意以下几点：

1）@Validated 和 BindingResult 必须成对出现，而且 BindingResult 要紧跟在@Validated 之后。

2）@ModelAttribute("registerUser") 做数据回显时，页面的显示可参考图 12-13 中的标注。

3）BindingResult 的 getFieldErrors()方法用于提取所有的错误消息以及相应的字段名称，并返回 List<FieldError>。FieldError 中封装了每个字段和其对应的错误消息，代码中通过迭代把每对错误消息拆分到域中保存。页面显示可参考图 12-13 中的标注。

register.jsp 的部分代码如图 12-13 所示，要留意标注说明。

```
<label> <small>*</small>用户名
</label> <input name="username" type="text" class="inputh lf"
    value="${registerUser.username}"           ← 数据回显，下同
    <span class="red">${username}</span>
    <div class="lf red laba">用户名要求3~6个字符</div>
</dd>
<dd>
<label> <small>*</small>密码
</label> <input name="userpassword" type="text" class="inputh lf"
    value="${registerUser.userpassword}" />
    <span class="red">${userpassword}</span>
    <div class="lf red laba">密码要求不低于6个字符</div>
</dd>
<dd>
<label> <small>*</small>身份证号
</label> <input name="usercardno" type="text" class="inputh lf"
    value="${registerUser.usercardno}" />
    <span class="red">${usercardno}</span>    ← 显示报错消息
    <div class="lf red laba">身份证号18位数字</div>
</dd>
```

图 12-13　注册页部分代码

【用户注销】　该功能很简单，只需销毁 session 即可，见以下代码。

```
@RequestMapping("/logout")
public String logout(HttpSession session) {
    session.invalidate();
    return "login";
}
```

用户模块的功能已经介绍完毕。接下来学习商品模块的功能。

12.4.2　商品模块

【分页多条件组合查询】　list.jsp 页面制作，即

普通用户和管理员登录成功后展示的页面。该页面要有分页功能，可多条件组合查询，还要和分页相关联。要实现分页查询，可以使用 MyBatis 的分页插件。该页面的运行效果如图 12-14 所示。

下面来学习一下 MyBatis 的分页插件。该分页插件支持目前市场上大部分的数据库，使用起来也很简单，即在工程中引入分页插件，添加两个类库包：pagehelper-4.2.1.jar 和 jsqlparser-0.9.5.jar，这两个包已经在 SSM 集成包中，参考图 12-5。

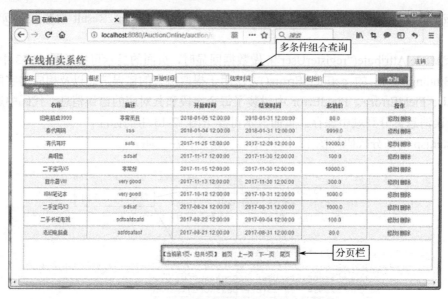

图 12-14　list.jsp

对分页插件进行配置，打开 MyBatis 的全局配置文件 SqlMapConfig.xml，添加如下配置：

```
<!-- 分页插件: 拦截器 -->
<plugins>
    <plugin interceptor="com.github.pagehelper.PageHelper">
        <!-- 指定数据库的方言（类型），必需  -->
        <property name="dialect" value="oracle"/>
        <property name="reasonable" value="true"/>
    </plugin>
</plugins>
```

其实该分页插件是使用拦截器来实现的。这段配置的完整描述如图 12-15 所示。

```
<!--
    plugins 在配置文件中的位置必须符合要求，否则会报错，顺序如下：
    properties?, settings?,
    typeAliases?, typeHandlers?,
    objectFactory?,objectWrapperFactory?,
    plugins?,
    environments?, databaseIdProvider?, mappers?
-->
<plugins>
    <!-- com.github.pagehelper 为 PageHelper 类所在包名 -->
    <plugin interceptor="com.github.pagehelper.PageHelper">
        <property name="dialect" value="mysql"/>
        <!-- 该参数默认为 false -->
        <!-- 设置为 true 时，会将 RowBounds 第一个参数 offset 当成 pageNum 页码使用 -->
        <!-- 和 startPage 中的 pageNum 效果一样-->
        <property name="offsetAsPageNum" value="true"/>
        <!-- 该参数默认为 false -->
        <!-- 设置为 true 时，使用 RowBounds 分页会进行 count 查询 -->
        <property name="rowBoundsWithCount" value="true"/>
        <!-- 设置为 true 时，如果 pageSize=0 或者 RowBounds.limit = 0 就会查询出全部的结果 -->
        <!-- （相当于没有执行分页查询，但是返回结果仍然是 Page 类型）-->
        <property name="pageSizeZero" value="true"/>
        <!-- 3.3.0 版本可用 - 分页参数合理化，默认 false 禁用 -->
        <!-- 启用合理化时，如果 pageNum<1 会查询第一页，如果 pageNum>pages 会查询最后一页 -->
        <!-- 禁用合理化时，如果 pageNum<1 或 pageNum>pages 会返回空数据 -->
        <property name="reasonable" value="true"/>
    </plugin>
</plugins>
```


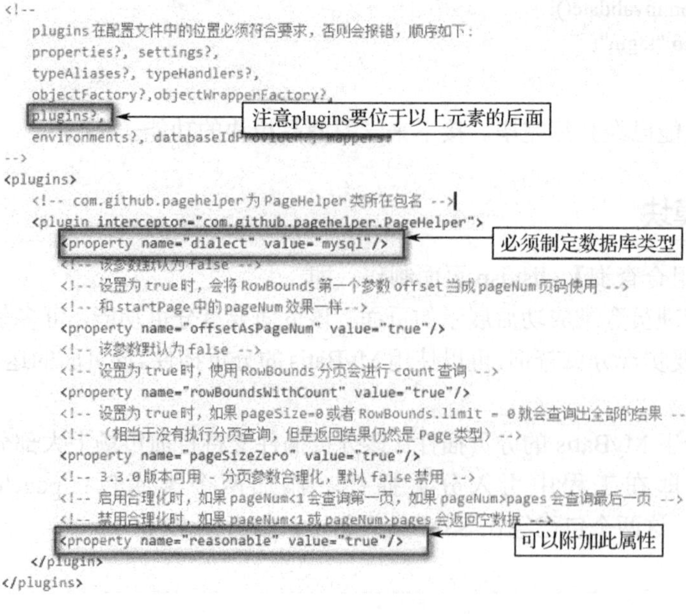

图 12-15　完整分页插件配置

这里要特别注意的是，根据 DTD 描述，plugins 必须跟在 properties、settings、typeAliases 等常用配置元素后面；必须指定数据库的类型，其他属性都是可选项。包和配置做完后，分页插件即可使用。接下来就是分页插件代码的使用。在调用分页插件方法前，先来讲解组合查询业务方法的实现，参考 AuctionServiceImpl.java，以下是查询方法的实现。

```java
public List<Auction> queryAuctions(AuctionCondition condition) {
    AuctionExample example = new AuctionExample();
    AuctionExample.Criteria criteria = example.createCriteria();

    if (condition!=null) {
        if (condition.getAuctionname()!=null && !"".equals(condition.getAuctionname())) {
            //商品名称模糊查询
            criteria.andAuctionnameLike("%" + condition.getAuctionname() +"%");
        }
        if (condition.getAuctiondesc()!=null && !"".equals(condition.getAuctiondesc())) {
            //商品描述模糊查询
            criteria.andAuctiondescLike("%"+condition.getAuctiondesc()+"%");
        }
        if (condition.getAuctionstarttime()!=null) {
            //大于商品开始时间
            criteria.andAuctionstarttimeGreaterThan(condition.getAuctionstarttime());
        }
        if (condition.getAuctionendtime()!=null) {
            //小于商品结束时间
            criteria.andAuctionendtimeLessThan(condition.getAuctionendtime());
        }
        if (condition.getAuctionstartprice() != null) {
            criteria.andAuctionstartpriceGreaterThan(condition.getAuctionstartprice());
        }
    }
    //定义排序规则
    example.setOrderByClause("auctionstarttime desc");
    List<Auction> auctionList = auctionMapper.selectByExample(example);
    return auctionList;
}
```

以上方法内部使用了逆向工程生成的 AuctionExample 类作为查询条件的传递，具体的实现请读者认真参考，这里不再赘述。但方法的参数类型是 AuctionCondition.java，以下是该类的实现。

```java
/**
 * 商品组合查询条件的封装类（扩展类）
 * @author Administrator
 *
 */
public class AuctionCondition extends Auction {
}
```

这个类其实是扩展了 Auction 类，如果以后有一些扩展的查询条件在 pojo 中没有定义，则可以直接在此定义。这样做便于功能的扩展，也不用破坏原来的 pojo 对象模型。虽然此案例中没有扩展任何的查询条件，但这是一种推荐做法。

下面讲解 AuctionController 控制器是怎样调用以上查询方法，并做出数据分页的。先参考以下代码：

```
@RequestMapping("/queryAuctions")
public ModelAndView queryAuctions(
@RequestParam(value = "pageNo", defaultValue = "1", required = false) int pageNo,
        @ModelAttribute("condition")AuctionCondition condition) {

    ModelAndView mv = new ModelAndView();

    // 查询之前做分页设置：pageNo、pageSize
    PageHelper.startPage(pageNo, PAGESIZE);

    List<Auction> list = auctionService.queryAuctions(condition);
    mv.addObject("auctionList", list);

    // 获取 PageInfo 对象，并存在作用域中
    PageInfo pageInfo = new PageInfo<>(list);
    mv.addObject("pageInfo", pageInfo);
    mv.setViewName("list");

    return mv;
}
```

以上代码中应特别注意分页插件的代码调用。

1）PageHelper.startPage 是静态方法的调用，调用查询业务方法前，先指定当前查询的页码和每页记录数。

2）查询出分页数据后，获取 PageInfo 对象并存在作用域中（参考上面代码）。PageInfo 对象中封装了很多与分页有关的参数，并且可以通过 getter 方法获取。常用方法如下：

```
pageInfo.getPageNum()        //当前页码
pageInfo.getPages()          //总页数
pageInfo.getTotal()          //总记录数
pageInfo.getNextPage()       //下一页
pageInfo.getPrePage()        //前一页
pageInfo.getPageSize()       //每页记录数
```

只要把 pageInfo 对象保存到作用域中，在页面上即可通过 EL 来获取参数，如 ${pageInfo.pageNum}、${pageInfo.pages}、${nextPage} 等。

3）这个方法还有一个参数加了注解：@ModelAttribute("condition")，其用于数据回显，后面会对其进行解析。

至此，分页实现基本讲解结束，接下来还有一个细节问题，当用户做了条件查询后，分页要怎样配合这个条件呢？先来看下面的查询效果，如图 12-16 所示。

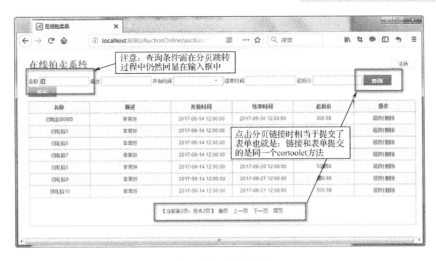

图 12-16　查询结果

实现带条件的分页功能，要注意输入框的数据回显(前文已经介绍过，这里不再重复)及超链接的实现，如图 12-17 所示。

```
【当前第${pageInfo.pageNum}页，总共${pageInfo.pages}页】
  <a href="javascript:jumpPage(1)">首页</a>
  <a href="javascript:jumpPage(${pageInfo.prePage})">上一页</a>
  <a href="javascript:jumpPage(${pageInfo.nextPage})">下一页</a>
  <a href="javascript:jumpPage(${pageInfo.pages})">尾页</a>
</div>

</div>
<script>
function jumpPage(pageNo) {
    //每次跳转页面先修改页码
    document.getElementById("page").value=pageNo;
    //手动提交表单
    document.getElementById("form_query").submit();
}
</script>
```

传递页码，手动提交表单即可

图 12-17　list.jsp 的部分代码

【发布拍卖品】 addAuction.jsp 页面制作，实现添加拍卖品功能，其中主要包含了文件上传功能，Spring MVC 做文件上传，在此综合案例中，再次回顾一下各方面的细节。图 12-18 所示为 addAuction.jsp 的运行页面。

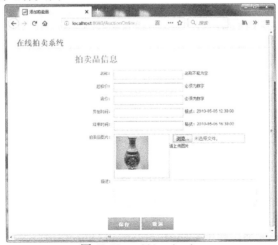

图 12-18　addAuction.jsp

实现文件上传时，应先把两个类库包——commons-fileupload 和 commons-io 引入工程中，参考图 12-5 的 SSM 集成类库，再修改 springmvc.xml，添加以下配置。

```xml
<!-- 支持文件上传 -->
<bean id="multipartResolver"
class="org.springframework.web.multipart.commons.CommonsMultipartResolver">
    <property name="maxUploadSize" value="104857600" />
    <property name="maxInMemorySize" value="4096" />
    <property name="defaultEncoding" value="UTF-8"></property>
</bean>
```

addAuction.jsp 页面表单提交到 AuctionController.java 方法中。

```java
@RequestMapping("/publishAuctions")
public String publishAuctions(
Auction auction,MultipartFile pic,
HttpSession session){
    try {
        //1）上传文件，另存到 Tomcat 的 upload 目录中
        if (pic.getSize() > 0) {
            //upload 文件夹在 Tomcat 服务器中的绝对路径，例如：
            //D:\\Tomcat\\apache-tomcat-7.0.73\\webapps\\AuctionOnline\\upload
            String path = session.getServletContext().getRealPath("upload");
            System.out.println(path);
            //上传文件的名称
            String filename = pic.getOriginalFilename();
            //构建目标文件的 File 对象
            File targetFile = new File(path, filename);
            //把二进制文件数据保存到目标文件中
            pic.transferTo(targetFile);

            //把文件名称设置到对象模型中（文件名要保存到数据库中）
            auction.setAuctionpic(filename);
        }
    } catch (Exception e) {
        e.printStackTrace();
    }

    //2）调用业务方法，把商品的基本数据保存到数据库中
    auctionService.addAuction(auction);
    //添加成功，重定向回到商品列表页面
    return "redirect:/auction/queryAuctions";
}
```

以上代码读者可以自行阅读，文件上传时关键的是注入 MultipartFile。

数据格式的验证可以使用 Spring MVC 的校验器。但这里要注意一种数据类型——java.util.Date，建议创建一个类型转换器，规范日期格式的转换。具体实现如下。

1）编写 DateConverter 类，实现 Converter<String,Object>接口。

```java
public class DateConverter implements Converter<String, Date> {
    @Override
    public Date convert(String source) {
        SimpleDateFormat sdf = new SimpleDateFormat("yyyy-MM-dd hh:mm:ss");
        try {
            return sdf.parse(source);
        } catch (ParseException e) {
            e.printStackTrace();
        }
        return null;
    }
}
```

2）修改 springmvc.xml，添加下面的配置。

```xml
<bean id="conversionService"
    class="org.springframework.format.support.FormattingConversionServiceFactoryBean">
    <property name="converters">
        <list>
            <bean class="cn.web.auction.converter.DateConverter" />
        </list>
    </property>
</bean>
```

在这段配置中，要指定实现的 DateConverter 的全路径名，并指定转换器：

```xml
<mvc:annotation-driven conversion-service="conversionService" validator="validator"/>
```

发布商品时要注意的技术要点现在已经介绍完毕，下面介绍的是拍卖品的修改。

【修改拍卖品】 updateAuction.jsp 页面制作。修改拍卖品和发布拍卖品的功能类似，修改商品基本数据时，可能还要上传要修改的商品文件，所以修改商品也有文件上传功能。下面是修改拍卖品功能的 AuctionController.java 方法。

```java
@RequestMapping("/updateAuctoinSubmit")
public String updateAuctoinSubmit(Auction auction,
MultipartFile pic,HttpSession session){
    try {
        //1）上传文件，另存到 Tomcat 的 upload 目录中
        if (pic.getSize() > 0) {
        //upload 文件夹在 Tomcat 的绝对路径
            String path = session.getServletContext().getRealPath("upload");
        //在重新上传图片前，先删除原来的图片
        File file = new File(path, auction.getAuctionpic());
        if (file.exists()) {
            file.delete();
        }
        //上传新文件的名称
        String filename = pic.getOriginalFilename();
        //构建文件目标的 File 对象
        File targetFile = new File(path, filename);
```

```
            //另存文件
            pic.transferTo(targetFile);
            //把文件名称设置到对象模型中（后面做添加 DB）
            auction.setAuctionpic(filename);
        }
    } catch (Exception e) {
            e.printStackTrace();
    }
    //2）把商品的基本数据保存到数据库中
    auctionService.updateAuction(auction);
        return "redirect:/auction/queryAuctions";
    }
```

其实，该方法与发布拍卖品的方法类似，但多了一个步骤——删除原来的图片文件，可参考前面的代码。关于修改商品的其他要点，读者可以自行阅读附加的源码，这里不再赘述。

【删除拍卖品】此业务功能要注意的是，删除拍卖品时，要同时删除与其关联的拍卖出价记录。这里主要关注的是业务方法的实现：

```
@Override
public void removeAuction(int auctionid) {
    AuctionRecordExample example = new AuctionRecordExample();
    AuctionRecordExample.Criteria criteria =example.createCriteria();
    //首先以拍卖品的主键 id 作为条件，删除关联的所有竞拍记录(子表数据)
    criteria.andAuctionidEqualTo(auctionid);
    recordMapper.deleteByExample(example);
    //再删除拍卖品记录(主表数据)
    auctionMapper.deleteByPrimaryKey(auctionid);
}
```

从这个业务方法中可再次看到 MyBatis 的逆向工程生成的 XxxExample 类的实现思想非常好，解决了很多持久层方面的重复性工作，使得用户更专心地关注业务层的实现。

【商品竞拍】这是普通用户操作的权限，也是商品模块的业务功能。程序入口页面如图 12-19 所示，普通用户还可以查看竞拍结果，此功能将在后面讲解。

当单击"竞拍"超链接时，要展示图 12-20 所示的 auctionDetail.jsp 页面。

这个页面要显示三张表的数据——拍卖品基本数据、竞拍记录列表和拍卖人。显示商品详情时，使用 MyBatis 的对象关系映射来实现。这也是 MyBatis 关于多表连接的重要解决方案。对象关系映射是 Hibernate 的优势，但 MyBatis 也可以实现类似的功能。首先，要分析出 Auction、Auctionrecord 和 Auctionuser 三张表的关系。三张表的主外键关系可以参考图 12-5。

我们可以这么认为：一件商品可以有多个竞价记录，某一个竞价记录是由一个用户报价的。由此，可以得出以下结论。

1）Auction 类与 AuctionRecord 类是一对多关系。

2）AuctionRecord 类与 AuctionUser 类是一对一关系。

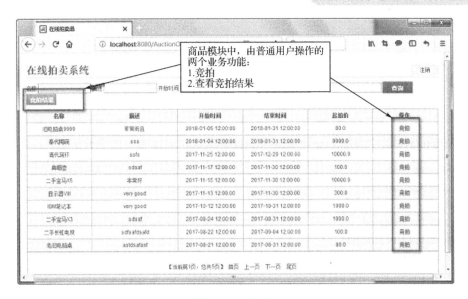

图 12-19　list.jsp

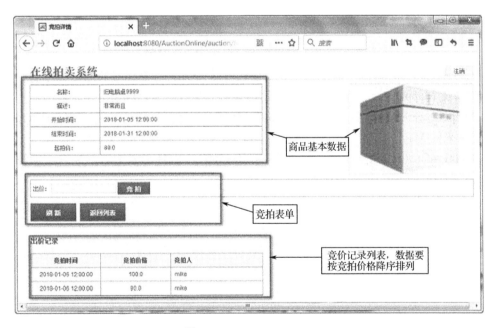

图 12-20　auctionDetail.jsp

有了以上的语义基础后，可以重新设计 pojo 对象之间的关系。参考以下代码：

Auction.java
```
public class Auction {
    private Integer auctionid;
    private String auctionname;
    private Double auctionstartprice;
    private Double auctionupset;
    private Date auctionstarttime;
    private Date auctionendtime;
```

```
        private String auctionpic;
        private String auctiondesc;
        // 表示多方的集合
private List<AuctionRecord> auctionrecordList;
// getter 和 setter 方法省略
}
```

在 Auction.java 类中添加 List<AuctionRecord>集合，表示多方的竞价记录。

```
AuctionRecord.java
public class AuctionRecord {
    private Integer id;
    private Integer userid;
    private Integer auctionid;
    private Date auctiontime;
    private Double auctionprice;
    //表示一方的对象
private AuctionUser auctionUser;
// getter 和 setter 方法省略
}
```

在 AuctionRecord.java 类中添加一方的表示 AuctionUser 对象。

pojo 对象关系设计好后，要定义三表连接查询的 SQL，即意味着要编写 Mapper 的映射 statement 以及 Mapper 接口。MyBatis 逆向工程是不会生成对象之间的关系映射的，用户只能自定义 Mapper。在 Mapper 包中创建 AuctionCustomMapper.java 和 AuctionCustomMapper.xml，不建议在原来的 Mapper 文件中进行修改。

在 AuctionCustomMapper.xml 中配置<resultMap>，做好对象的映射关系，如图 12-21 所示。

图 12-21　对象关系映射

以下说明<resultMap>的映射配置。

1）这段映射主对象是 Auction 类，而且每一段映射必须指定<id>为唯一标识。

2）<collection>用于配置多方集合，property="auctionrecordList"是 Auction 类中新增加的集

合属性。

3）<association>用于配置一方对象，property="auctionUser"是 AuctionRecord 类中新增加的 AuctionUser 对象。

对象关系映射配置好后，编写 SQL 的 statement 映射，如图 12-22 所示。

```xml
<!-- 展示商品的详情（竞拍页） -->
<select id="findAuctionAndAuctionRecordList"
        parameterType="int"
        resultMap="auctionAndAuctionRecordResultMap">
    select auction.*,
        auctionrecord.id record_id,
        auctionrecord.userid record_userid,
        auctionrecord.auctionid record_auctionid,
        auctionrecord.auctiontime,
        auctionrecord.auctionprice,
        auctionuser.username
    from auction
    left outer join auctionrecord
        on auction.auctionid=auctionrecord.auctionid
    left outer join auctionuser
        on auctionuser.userid=auctionrecord.userid
    where auction.auctionid=#{auctionid}
    order by auctionrecord.auctionprice desc
</select>
```

（三张左外连接查询、价格降序排列）

图 12-22　SQL 映射

该 SQL statement 是根据拍卖品主键 id 查询唯一对象的，resultMap 属性指定图 12-21 中配置好的<resultMap>的 id。这里要特别注意的是，查询出来的主对象仍然是 Auction 类。Auction 对象中已经包含 List<AuctionRecord>集合，集合中的每个 AuctionRecord 对象中也已经引用了 AuctionUser 对象。

statement 中的 SQL 语句是三张表的左外连接查询，即左表记录必须显示出来；如果拍卖品没有竞拍记录，则 List<AuctionRecord>长度为零；且要求按拍卖价格降序排列。

根据 SQL 映射设计好后，还要定义 AuctionCustomMapper 接口方法，代码如下：

```java
public interface AuctionCustomMapper {
    public Auction findAuctionAndAuctionRecordList(Integer auctionid);
}
```

前面已经详细讲解了 Mapper 的实现，业务类调用 Mapper 的相关内容这里不再详述，读者可以本书参考附带的源码。auctionDetail.jsp 页面是怎样利用对象映射关系输出数据的呢？参考图 12-23 中的 auctionDetail.jsp 部分代码。

```jsp
<!-- 迭代输出竞拍记录 -->
<c:if test="${fn:length(auctionDetail.auctionrecordList)>0}">
    <c:forEach var="auctionRecord" items="${auctionDetail.auctionrecordList}">
        <ul class="rows">
            <li>
                <fmt:formatDate value="${auctionRecord.auctiontime}"
                    pattern="yyyy-MM-dd hh:mm:ss"/>
            </li>
            <li>
                ${auctionRecord.auctionprice}
            </li>
            <li class="borderno">
                ${auctionRecord.auctionUser.username}
            </li>
        </ul>
    </c:forEach>
</c:if>
<!-- 迭代输出竞拍记录 -->
```

（拍卖品和竞价记录的一对多关系；AuctionRecord 和 AuctionUser 的一对一关系）

图 12-23　auctionDetail.jsp 部分代码

由此可见，设计好对象的关系映射后，整个逻辑思路就很清晰了，也有利于页面输出数据，代码更加容易维护，可读性更高。

竞拍详情页面的竞拍功能是最重要的业务。这里要重点学习的是竞价业务的实现。当提交竞价时，要向 AuctionRecord 数据库表中添加一条竞价记录，但在最终保存数据库前要遵守以下业务规则。

1）是否在竞拍时间内。

2）如果该商品没有竞拍记录，则竞价必须高于起拍价。

3）如果该商品已经有竞拍记录，则竞价必须高于所有竞拍价的最高价。

参考 AuctionServiceImpl.java 保存竞价记录的业务方法：

```java
@Override   //使用异常处理器
public void addAuctionRecord(Auctionrecord record) throws Exception {
    //先查询商品的详情(使用映射的方法来封装：List<AuctionRecord>)
    Auction auction = auctionCustomMapper.
            findAuctionAndAuctionRecords(record.getAuctionid());
    //1）判断竞拍时间
    if (auction.getAuctionendtime().after(new Date()) == false) {
        throw new CustomException("该商品拍卖时间已经结束");
    }
    //判断是否有竞拍记录
    if (auction.getAuctionRecordList()!=null &&
            auction.getAuctionRecordList().size()>0) {
        //2）如果当前商品已经竞拍，则竞拍价格必须高于当前的最高竞价
        //集合的第一条记录就是最高竞价记录（排序后）
        Auctionrecord maxRecord =
                            auction.getAuctionRecordList().get(0);
        if (record.getAuctionprice() <= maxRecord.getAuctionprice()) {
            throw new CustomException("竞拍价格必须高于当前的最高竞价");
        }
    } else {
        //第一次竞价：如果当前商品没有竞拍记录，则竞拍价格必须高于起拍价
        if (record.getAuctionprice() <=
                auction.getAuctionstartprice()){
            throw new CustomException("竞拍价格必须高于起拍价");
        }
    }
    recordMapper.insert(record);
}
```

如果违反业务规则，则抛出异常处理，这里抛出的是自定义异常 CustomException，并传递错误消息给调用方。调用方是 AuctionController，参见下面的代码：

```java
@RequestMapping("/saveAuctionRecord")
public String saveAuctionRecord(Auctionrecord record,
                                HttpSession session,
                                Model model) throws Exception {
    //竞拍时间：当前时间
```

```java
            record.setAuctiontime(new Date());
            //设置竞拍人
            Auctionuser user = (Auctionuser) session.getAttribute("user");
            record.setUserid(user.getUserid());

            auctionservice.addAuctionRecord(record);
            //详情页面
            return
                 "redirect:/auction/toAuctionDetail/"+record.getAuctionid();
        }
```

要注意自定义异常的捕获。这里使用了 Spring MVC 的全局异常处理技术。

CustomException 自定义异常类：

```java
public class CustomException extends Exception {

        private String message;

    public CustomException(String message) {
        super(message);
        this.message = message;
    }
    public String getMessage() {
        return message;
    }
    public void setMessage(String message) {
        this.message = message;
    }
}
```

实现 Spring MVC 异常处理器——CustomExceptionResolver 类：

```java
public class CustomExceptionResolver
implements HandlerExceptionResolver {
@Override
    public ModelAndView resolveException(HttpServletRequest req,
                                         HttpServletResponse res,
                                         Object handler,
                                         Exception ex) {
        CustomException customEx = null;
        if (ex instanceof CustomException) {
            customEx = (CustomException) ex;
        } else {
            customEx = new CustomException("未知异常");
        }

        ModelAndView mv = new ModelAndView();
        mv.addObject("errorMsg", customEx.getMessage());
        mv.setViewName("error");
```

```
            return mv;
      }
}
```

在 springmvc.xml 中配置异常处理器：

```
<!-- 全局异常处理器 -->
<bean class="cn.web.auction.util.CustomExceptionResolver"/>
```

该异常处理器集中处理应用的异常消息，一旦报异常就由它来处理。其中，resolveException()方法返回的是 ModelAndView 对象，意味着可以把异常消息带到某一个视图页面中进行展示，此应用是跳转到 error.jsp 页面中集中显示错误消息。

一旦违反业务规则，就跳转到 error.jsp 页面并输出错误消息，终止后面的操作。

至此，竞拍业务功能已经讲解完毕，其中包含了许多 MyBatis 的技术要点，尤其是对象的关系映射，这是重点。

【查看竞拍结果】这是普通用户的权限操作，也属于商品模块的业务功能。程序入口请参见图 12-19，当单击"竞拍结果"按钮时，显示如图 12-24 所示的页面。

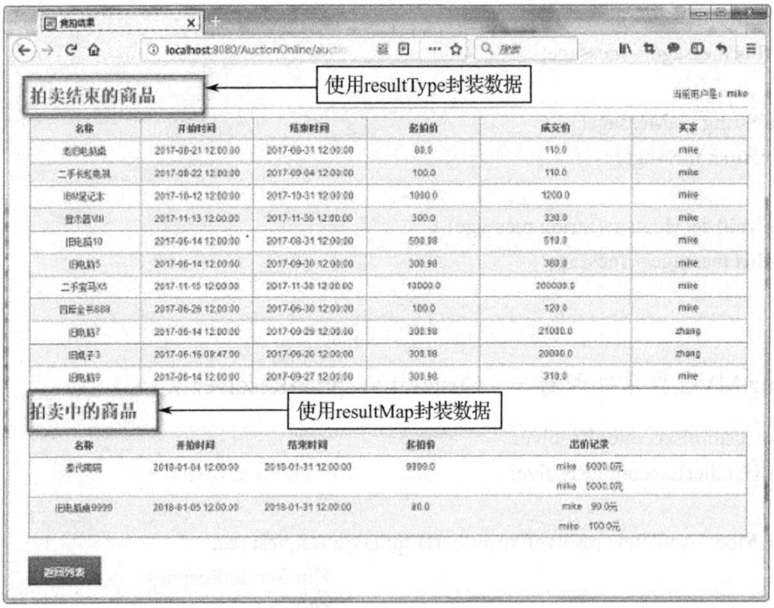

图 12-24　auctionResult.jsp

获取以上数据分别采用 resultType 和 resultMap 两种方法封装数据。其中，查询"拍卖结束的商品"使用 resultType，而查询"拍卖中的商品"使用 resultMap。这里主要分析 Mapper 的实现，关于其余实现细节，读者可自行参考源码。

1）拍卖结束的商品的 SQL 映射如图 12-25 所示。

SQL 映射中使用了 resultType，指定的是 AuctionCustom 类，这是一个扩展了 Auction 的 pojo 类，这个类扩展了两个封装属性，分别是价格和用户名，参见以下代码：

```
public class AuctionQueryExample extends Auction {
    private Double auctionprice;
```

```java
    private String username;
    public Double getAuctionprice() {
        return auctionprice;
    }
    public void setAuctionprice(Double auctionprice) {
        this.auctionprice = auctionprice;
    }
    public String getUsername() {
        return username;
    }
    public void setUsername(String username) {
        this.username = username;
    }
}
```

以上的 AuctionCustom 是查询结果的封装类，对于一些数据结构要求不高的查询操作，可以参考这种做法。

```xml
<!-- 拍卖结束的商品 <![CDATA[<]]> 要原样解析 -->
<select id="findAuctionEndtimeList"
        resultType="cn.web.auction.pojo.AuctionQueryExample">
    SELECT
      auction.auctionname,
      auction.auctionstarttime,
      auction.auctionendtime,
      auction.auctionstartprice,
      auctionrecord.auctionprice,
      auctionuser.username
    FROM
      auction,auctionrecord,auctionuser
    WHERE
      auction.auctionid=auctionrecord.auctionid
      AND auctionrecord.userid=auctionuser.userid
      AND auction.auctionendtime<![CDATA[<]]>NOW()
      AND auctionrecord.auctionprice=
      (SELECT MAX(r.auctionprice) FROM auctionrecord r
               WHERE r.auctionid=auction.auctionid)
</select>
```

（拍卖结束时间小于当前时间表示拍卖结果）

（拍卖结束后，竞价最高的就是最终定价，使用子查询）

图 12-25 拍卖结束商品的 SQL 映射

与该 SQL 映射对应的接口方法如下：

```java
public interface AuctionService {
    public List<AuctionQueryExample> findAuctionEndtimeList();
}
```

2）拍卖中的商品的 SQL 映射如图 12-26 所示。

从图 12-24 中可以看到，"拍卖中的商品"列表的每一行既要显示商品的基本数据，又要显示该商品竞价记录列表，前面已经分析过，Auction 和 AuctionRecord 是一对多关系，所以该 SQL 映射适合使用 resultMap 封装数据，<resultMap>映射配置前文已经做好，请参考图 12-21 所示的对象的关系映射。

```xml
<!-- 拍卖中商品，要有竞价记录 -->
<select id="findAuctionNoEndtimeList"
        resultMap="auctionAndAuctionRecordMap">
    SELECT
      auction.*,
      auctionrecord.id record_id,
      auctionrecord.userid,
      auctionrecord.auctiontime,
      auctionrecord.auctionprice,
      auctionuser.username
    FROM
      auction,auctionrecord,auctionuser
    WHERE
      auction.auctionid=auctionrecord.auctionid
      AND auctionrecord.userid=auctionuser.userid
      AND auction.auctionendtime>NOW()
</select>
```

- resultMap="auctionAndAuctionRecordMap" → 返回对象作映射
- AND auction.auctionendtime>NOW() → 结束时间大于当前时间表示正在拍卖的商品

图 12-26 拍卖中的商品的 SQL 映射

与该 SQL 映射对应的接口方法如下：

```java
public interface AuctionService {
    public List<Auction> findAuctionNoEndtimeList();
}
```

至此，此在线拍卖系统业务功能基本上讲解完毕，但最后要完善用户登录身份验证功能。在 Spring MVC 中可以使用拦截器来实现，该应用的拦截器实现如下。

设计拦截器类 CheckUserInterceptor，实现 HandlerInterceptor 接口，代码如下：

```java
import org.springframework.web.servlet.HandlerInterceptor;
public class CheckUserInterceptor implements HandlerInterceptor {
    // 在访问 Handler(Controller 的方法)处理器之前做拦截 (常用)
    // 返回值：true 表示放行，false 表示拦截
    @Override
    public boolean preHandle(HttpServletRequest request,
                             HttpServletResponse response,
                             Object handler) throws Exception {
        System.out.println("CheckUserInterceptor: 调用 preHandle()");

        //判断访问路径是否包含"login"
        String path = request.getRequestURI();
        if (path.indexOf("login")>0) {
            return true;
        }
        //在 session 中获得用户对象
        HttpSession session = request.getSession();
        if (session.getAttribute("user")!=null) { //已经登录
            System.out.println("用户身份合法");
            return true;
        } else {   //没有登录
    response.sendRedirect(request.getContextPath() + "/login.jsp");
            return false;
        }
```

```java
        }
        // 在访问完Handler方法时，返回ModelAndView后调用
        @Override
        public void postHandle(HttpServletRequest request,
                            HttpServletResponse response,
                            Object handler, ModelAndView mv)
                throws Exception {
            System.out.println("CheckUserInterceptor:postHandle()");
        }
        // 在Handler方法完全调用完后拦截(比postHandle迟一些)
        @Override
        public void afterCompletion(HttpServletRequest request,
                            HttpServletResponse response,
                            Object handler, Exception ex)
                throws Exception {
            System.out.println("CheckUserInterceptor:afterCompletion()");
        }
}
```

在以上代码中，preHandler方法是常用方法，在访问Handler处理器之前做拦截，如果该方法返回true，则表示"放行"；如果返回false，则表示"被拦截"。例如，如果检测出session中已经存在用户对象，则返回true，请求继续向下执行；如果session中不存在用户对象，则返回false，请求重定向到login.jsp页面，提示用户登录。

拦截器类实现好后，需要对它进行配置，在springmvc.xml添加如下配置：

```xml
<!-- 配置拦截器 -->
<mvc:interceptors>
    <mvc:interceptor>
        <mvc:mapping path="/**"/>
        <bean class="cn.web.auction.interceptor.CheckUserInterceptor"></bean>
    </mvc:interceptor>
</mvc:interceptors>
```

在这里只需要指定CheckUserInterceptor的全路径类名，同时，<mvc:mapping>要指定被拦截的资源(路径)。

本章的贯穿案例至此已经学习完，读者在阅读本章时，可以对照本书附带的完整代码来实现，这样的学习效果会更好。

本章总结

本章使用一个贯穿案例——"在线拍卖系统"，学习了SSM的框架整合。在这个案例中学习了一些新的内容，例如，MyBatis逆向工程、分页插件、MyBatis的关系映射、Spring MVC的异常处理等。这里要重点掌握的是多表连接查询的处理方法，归纳起来有两种方式：resultType和resultMap。其中，resultType较为简单，只需要简单扩展pojo封装类，而resultMap则要设计对象之间的关系映射，如一对多、一对一、多对多等。希望读者对这两种方式都能灵活掌握。

本章中分页和带条件分页的技术处理也是重点内容，应重点理解和掌握。

练习题

一、不定项选择题

1. MyBatis 指定配置文件的根元素使用的是（　　）。
   A．<sqlMapConfig>　　　　　　　　B．<configuration>
   C．<setting>　　　　　　　　　　　D．<environments>

2. 下面配置注解 Controller 的处理适配器是（　　）。
   A．BeanNameUrlHandlerMapping　　　B．RequestMappingHandlerMapping
   C．RequestMappingHandlerAdapter　　D．SimpleControllerHandlerAdapter

3. MyBatis 中开启二级缓存的全局参数是（　　）。
   A．lazyLoadingEnabled　　　　　　　B．aggressiveLazyLoading
   C．useGeneratedKey　　　　　　　　D．cacheEnabled

4. 在 MyBatis 中，用于加载外部属性文件的是（　　）。
   A．<properties resource="db2.properties"></properties>
   B．<mapper resource="sqlmap/User.xml"/>
   C．<mapper class="cn.mybatis.test.mapper.UserMapper"/>
   D．<typeAlias alias="User" type="cn.mybatis.test.pojo.User"/>

5. MyBatis 的事务管理器类型有（　　）。
   A．JDBC　　　　B．JTA　　　　C．POOL　　　　D．MANAGED

6. 在 MyBatis 的全局配置文件中，datasource 用于配置基本的 JDBC 数据源信息，其中，其内建的数据源类型是（　　）。
   A．JDBC　　　　B．UNPOOLED　C．POOLED　　　D．JNDI

7. 在 Spring MVC 中实现类型转换器时，要实现的接口是（　　）。
   A．TypeConverter　　　　　　　　　B．DateConverter
   C．AbstractConverter　　　　　　　　D．Converter

8. 在 Spring MVC 中，要实现 RESTful 的路径传参，应使用的注解是（　　）。
   A．@PathVariable　　　　　　　　　B．@RequestParam
   C．@PathParam　　　　　　　　　　D．@RequestMapping

9. 在 Spring MVC 中，要实现 RESTful 的路径传参，前端控制器 DispatchServlet 的访问路径应该是（　　）。
   A．/*　　　　　B．*.action　　　C．*.do　　　　D．/

10. 在 Spring MVC 中，可用于与 JSON 数据交互的是（　　）。
    A　@RestController　　　　　　　　B．@RequestParam
    C．@ResponseBody　　　　　　　　D．@RequestMapping

二、填空题

1. Spring MVC 前端控制器类名是_____。
2. MyBatis 是一个_____的框架。

3．在 Spring MVC 中，实现注解 Controller 时，_____是配置映射器和适配器的元素。

4．_____是用于 Spring MVC 配置 RESTful 的参数传递。

5．请写出三种 Spring MVC 处理器形参默认支持的类型：_____、_____、_____。

6．Spring MVC 实现全局异常时，除了要实现自定义异常类之外，还要实现_____接口。

7．在 MyBatis 实现数据的延迟加载时，lazyLoadingEnable 要设置成_____，并且 aggressiveLazyLoading 要设置成_____。

8．在 MyBatis 实现对象关系映射时，在 SQL 映射文件中，多方使用_____元素，一方使用_____元素。